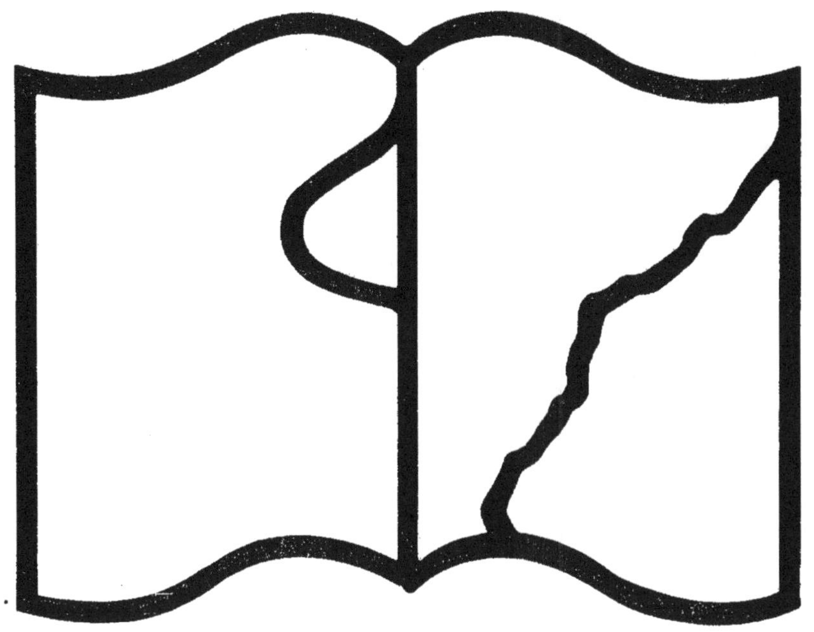

Texte détérioré — reliure défectueuse

NF Z 43-120-11

ÉTUDE STRATIGRAPHIQUE

DE LA

PARTIE SUD-OUEST DE LA CRIMÉE

PAR

ERNEST FAVRE

SUIVIE DE LA

DESCRIPTION DE QUELQUES ÉCHINIDES DE CETTE RÉGION

PAR

M. PERCEVAL DE LORIOL

GENÈVE, BALE, LYON
H. GEORG, LIBRAIRE-ÉDITEUR

1877

ÉTUDE STRATIGRAPHIQUE

DE LA

PARTIE SUD-OUEST DE LA CRIMÉE

PAR

ERNEST FAVRE

SUIVIE DE LA

DESCRIPTION DE QUELQUES ÉCHINIDES DE CETTE RÉGION

PAR

M. PERCEVAL DE LORIOL

GENÈVE, BALE, LYON

H. GEORG, LIBRAIRE-ÉDITEUR

1877

GENÈVE. — IMPRIMERIE RAMBOZ ET SCHUCHARDT.

ÉTUDE STRATIGRAPHIQUE

DE LA

PARTIE SUD-OUEST DE LA CRIMÉE

INTRODUCTION

La situation exceptionnelle de la Crimée, le charme pittoresque de la partie méridionale de cette presqu'île, l'excellence de ses ports, les plus beaux de la Mer Noire, la variété de son climat, sa position intermédiaire entre l'Asie et l'Europe, ont attiré de tous temps l'attention sur cette contrée; nombre de voyageurs l'ont visitée et décrite. Je ne citerai ici que les publications géologiques dont elle a été l'objet. Parmi les descriptions données par les savants modernes, les plus importantes sont celles de Pallas[1], de Verneuil[2], Huot[3] et Dubois de Montpéreux[4]. L'ouvrage de Hommaire de Hell[5] sur la Russie méridionale ne renferme

[1] Voyages entrepris dans les gouvernements méridionaux de l'empire de Russie dans les années 1793 et 1794; traduction de Laboulaye et Tonnelier, 1805. — Gemälde von Taurien, 1796.

[2] Mémoire géologique sur la Crimée, suivi d'observations sur les fossiles de cette péninsule, par M. Deshayes. Mém. de la Soc. géol. de France, 1838, III.

[3] Voyage dans la Russie méridionale et la Crimée par la Hongrie, la Valachie et la Moldavie, exécuté en 1837 sous la direction de M. A. de Demidoff, par MM. de Sainson, Le Play, Huot... 1842.

[4] Lettres à M. E. de Beaumont sur les principaux phénomènes géologiques du Caucase et de la Crimée. Bull. Soc. géol. de France, 1837, VIII, p. 371.— Voyage autour du Caucase, en Colchide, en Arménie et en Crimée (Les deux volumes relatifs à la Crimée, t. V et VI, datent de 1843).

[5] Les steppes de la mer Caspienne, le Caucase, la Crimée et la Russie méridionale, 1845.

presque aucun renseignement sur la partie de la Crimée que j'ai parcourue. La description géologique de la Russie par Murchison, de Verneuil et Keyserling [1] ne contient que des notions assez incomplètes sur
cette région [2]. Les travaux plus spécialement paléontologiques sont, celui
de Deshayes joint au mémoire de Verneuil, les descriptions de fossiles
de Rousseau, qui accompagnent l'ouvrage de Huot, une notice de
M. Baily et la Lethea Rossica de M. d'Eichwald.

M. Baily a décrit [3] un grand nombre d'espèces, parmi lesquelles il y
en a beaucoup de nouvelles ; il y a joint un catalogue de celles qui avaient
été signalées jusqu'alors dans ce pays ; ce travail donne une idée exacte
des faunes des terrains jurassiques, crétacés et tertiaires. Il est accompagné d'une note de M. C. Cockburn [4], sur la structure géologique des
environs de Sébastopol et du monastère St-Georges. De nombreux fossiles ont été signalés et décrits par M. d'Eichwald [5] et fournissent sur
les faunes anciennes de cette péninsule des documents importants, bien
que l'indication des gisements et les déterminations m'aient paru avoir
parfois besoin de vérification. M. de la Harpe [6] a donné une liste des
nummulites. M. Coquand [7] vient de publier une note sur la craie supérieure, qu'il identifie à celle de l'Aquitaine. La réponse de M. Hébert [8]
à cette note est basée sur l'examen des fossiles que j'ai recueillis. En
1873, M. le professeur Tschermak auquel j'ai soumis les échantillons
de roches éruptives que j'ai rapportés de mon voyage en a publié la description [9].

[1] The Geology of Russia in Europa and the Oural Mountains, 1845.

[2] On trouvera aussi quelques renseignements sur ce pays dans *Engelhardt und Parrot*, Reise in die Krym und den Kaukasus, 1815, et dans une notice du baron de Chaudoir, Proceed. of the geolog. Soc. 1831, I, p. 342.

[3] Description of Fossil Invertebrata from the Crimea, avec 3 planches. Quarterly Journ. of the geol. Soc., 1857, XIV, p. 133.

[4] Note on the Geology of the neighbourhood of Sevastopol. Quart. Journ., 1857, XIV, p. 161.

[5] Lethea Rossica ou Paléontologie de la Russie, 1865-1868, t. II ; 1853, III.

[6] Bull. Soc. vaud. des Sc. nat., 1875, p. 270.

[7] Bull. Soc. géol. de France, 1876, p. 86.

[8]   Ibid.   p. 99.

[9] Felsarten aus dem Kaukasus. Mineral. Mittheil. Jahrb. der k. k. geol. Reichsanst., 1873.

J'ai passé plusieurs semaines dans la partie méridionale de la Crimée dans l'automne de 1871. La saison avancée, la rapidité de mon voyage ne m'ont pas permis, à mon grand regret, de m'arrêter longuement dans les nombreux et beaux gisements de fossiles que l'on trouve dans cette région. Ce travail sera donc principalement une étude stratigraphique et une explication de la carte géologique (Pl. III). Je n'ai pas reproduit les longues listes de fossiles publiées par quelques auteurs et dont la vérification m'était impossible; je n'ai donné des indications paléontologiques que lorsqu'elles me paraissaient présenter une certitude suffisante.

Les fossiles de la Crimée sont abondants dans quelques collections; celles de St-Pétersbourg paraissent, d'après l'ouvrage de M. d'Eichwald, en renfermer un grand nombre. Le Polytechnicum de Zurich a hérité de la collection de Dubois, mais elle n'est pas encore entièrement classée, et il faudrait un travail considérable pour pouvoir l'utiliser; l'École des Mines de Paris possède les fossiles rapportés par M. de Verneuil et le Geological Survey de Londres contient aussi quelques documents paléontologiques relatifs à cette région. L'étude de ces matériaux aurait une incontestable utilité; un voyage en Crimée dans une saison favorable serait toutefois encore plus productif que ces recherches dans les musées, et les paléontologistes trouveraient là des richesses qui, recueillies avec méthode, jetteraient beaucoup de lumière sur la constitution des terrains secondaires et tertiaires.

Toute la partie septentrionale de cette contrée est occupée par une plaine unie, peu élevée au-dessus de la mer, mais en avançant au sud, on arrive dans une région plus accidentée et finalement à une chaîne de montagnes qui borde la côte méridionale. Je n'ai parcouru que la partie sud-ouest de ce pays. Malgré sa faible étendue, elle renferme la plupart des formations géologiques observées dans la presqu'île. Il y manque seulement les terrains tertiaires les plus récents qui sont bien représentés dans une région plus orientale où ils ont été décrits par plusieurs auteurs.

Je me suis beaucoup servi pour l'exécution de la carte ci-jointe d'une carte géologique manuscrite du colonel W. Pagett Jervis, déposée au British Museum. J'ai vérifié, complété et corrigé, d'après mes propres recherches, cette œuvre dont j'ai pu constater souvent la grande exactitude. Je ne puis publier mon travail sans rendre hommage à l'auteur de ce travail.

Je dois à l'obligeance de M. Th. Fuchs à Vienne la détermination des espèces tertiaires de ma collection; je lui en exprime toute ma reconnaissance. J'adresse aussi de sincères remerciements à MM. Tschermak, Zittel, Hébert et Sandberger qui m'ont aidé dans les déterminations des roches et des fossiles, et à M. Choffat auquel je dois la communication de plusieurs échantillons du musée de Zurich. M. de Loriol a bien voulu se charger de la description des Échinides.

TERRAIN JURASSIQUE

CARACTÈRES GÉNÉRAUX

La formation jurassique occupe, dans le sud de la Crimée, une zone très accidentée, de largeur variable, qui, s'étendant du monastère Saint-Georges aux environs de Théodosie, est limitée au sud par la mer et au nord par les terrains plus récents; sa plus grande largeur est de 40 à 45 kilomètres de la mer à Simphéropol, sa longueur d'environ 160 kilomètres. On peut y distinguer trois subdivisions : une inférieure, formée de marnes et de schistes argileux avec des grès subordonnés; une moyenne, représentée par des grès et des conglomérats; une supérieure, constituée en majeure partie par des calcaires, s'élevant en une chaîne qui a de 800 à 1500^m de hauteur et qui longe à quelque distance la côte méridionale.

Schiste argileux et marneux.

Ce terrain est le plus ancien de la Crimée; c'est aussi celui qui recouvre la plus grande étendue dans la région dont je me suis occupé. Il se trouve sur les deux versants de la chaîne calcaire et il apparaît à diverses reprises dans l'intérieur même de cette chaîne. Des roches éruptives qui appartiennent aux groupes des mélaphyres, des diabases, des porphyres à base d'orthoclase et des porphyres pyroxéniques, l'ont pénétré sur un grand nombre de points, surtout le long de la côte méridionale. Il est surmonté tantôt par les assises jurassiques plus récentes, tantôt par le terrain néocomien qui repose sur lui en discordance de stratification. Les couches en sont très plissées. Les plis sont nombreux, petits, anguleux sur le versant méridional où toutes les assises plongent vers le nord et ont été violemment froissées; ils sont beaucoup plus réguliers et moins déjetés sur le versant septentrional où ils ne forment plus que des ondulations régulières. L'épaisseur visible de ce terrain est considérable; mais le grand nombre des contournements ne permet pas de l'évaluer exactement. Huot l'estime à 300 mètres.

De Verneuil regarde cette formation comme antérieure au terrain jurassique. Dubois de Montpéreux l'attribue au lias, Huot au lias supérieur exclusivement, avec les poudingues qui lui sont superposés. Elle est très pauvre en restes organiques. J'ai trouvé quelques bivalves dépourvues de test et mal conservées près d'Oursouf où Dubois a signalé l'*Avicula (Monotis) decussata* Munst. Une ammonite que j'ai recueillie près de Kamara appartient à une espèce nouvelle; elle se rapproche de l'*Ammonites obtusus* et a un faciès évidemment liasique. M. Baily a signalé un certain nombre de fossiles trouvés près de là, sur le bord de la route de Voronzoff. Ce sont :

Aptychus, sp. ind.	Terebratula numismalis, Lam.
Astarte complanata, Rœm.	Terebratula cf. rotundata, Rœm.
Cardium æquistriatum, Baily.	Cidaris, sp.
Ostrea, sp.	

Les environs de Bia-Sala sont plus riches en fossiles et ont fourni au même paléontologiste les espèces suivantes :

Ammonites fimbriatus, Sow.	Gryphea incurva, Sow.
Ammonites jurensis, Ziet.	Rhynchonella acuta, Sow.
Ammonites Raquinianus, d'Orb.	Terebratula cf. perovalis, Sow.

espèces qui sont bien caractéristiques du lias moyen.

Les restes de plantes sont répandus dans toute l'épaisseur de ces schistes, le long de la côte méridionale. Ils sont si brisés qu'une détermination n'en est pas possible. On les observe dans les couches inférieures aux environs de Mélas, de Castropoulo, de Mouchalakta où de petits bancs de lignite ont donné lieu à des tentatives infructueuses d'exploitation. Les couches supérieures en renferment à Aï-Vasili, au nord de Yalta, et à l'est de Balaclava où l'on trouve dans des marnes peu inférieures au poudingue deux bancs de lignite qui ont chacun environ 0^m,30 de puissance. Les traces de végétaux ont complétement disparu au nord de la chaîne calcaire.

Il n'est pas possible d'introduire des subdivisions dans ce grand groupe où les couches passent les unes aux autres par de nombreuses transitions. Il est cependant très probable qu'il n'est pas seulement liasique et que son dépôt s'est prolongé jusque dans la période jurassique. Dubois[1] et Huot[2] nous fournissent à cet égard une indication précieuse en signalant à la base du Mont Kobsel, près de Soudagh, une alternance de schiste argileux et de calcaire noir, semblable à celle qu'on observe sur divers autres points de la côte. C'est dans ce gisement qu'ont été recueillies par Hommaire de Hell[3] les espèces suivantes qui caractérisent le terrain bathonien et le terrain callovien :

Belemnites hastatus, Bl.	Ammonites tortisulcatus, d'Orb.
Ammonites Demidoffi Rouss. (latricus d'Orb.)[4]	Ammonites Adelæ, d'Orb.
Ammonites Hommairei d'Orb.	Ammonites Brightii, Pr.
Ammonites viator, d'Orb.	

L'*Ammonites Demidoffi* a été aussi découvert à Laspi par Huot, à l'extrémité occidentale de la zone jurassique. Le dépôt du schiste argileux paraît donc s'être prolongé de l'époque liasique jusqu'au milieu de la période jurassique.

La comparaison qu'on peut établir entre ce terrain et des dépôts analogues vient confirmer cette indication. En effet, j'ai déjà remarqué ailleurs[5] l'extrême ressemblance de cette formation avec celle que j'ai décrite dans le Caucase, et je n'ai pas hésité à les identifier. Les roches

---

[1] Voyage autour du Caucase, V, p. 316.

[2] Voyage dans la Russie méridionale, II, p. 345.

[3] Les steppes de la mer Caspienne, 1845, p. 419.

[4] Les *Amm. Demidoffi* Rouss., et *Huotiana*, Rouss., trouvés dans les environs de Laspi appartiennent probablement à la même espèce que l'*Amm. latricus* d'Orb. de Kobsel. L'*Amm. Ponticuli*, Rouss., qui ressemble beaucoup aux deux premiers et qui lui a été réuni par quelques auteurs est cité par Rousseau du terrain néocomien de Bia-Sala.

[5] Recherches géologiques dans la partie centrale de la chaîne du Caucase, 1875, p. 81.

sont de même nature; elles présentent un caractère littoral et contiennent, mélangés à de rares fossiles marins, des restes de plantes terrestres et des bancs de lignite. Les fossiles appartiennent au lias et au terrain jurassique inférieur. Enfin les roches éruptives qui ont pénétré ce terrain ont la plus grande analogie avec celles du Caucase. La présence dans ces sédiments de l'*Asplenium Whitbiense*, Brongn. sp. *(Pecopteris Whitbiensis)*, une des espèces les plus caractéristiques de l'oolite de Scarborough (Yorkshire), confirme le classement de la partie supérieure de ce terrain dans l'horizon de la grande oolite. Or, nous savons par les travaux de M. Gœppert, de M. Feistmantel et de M. Heer que cette espèce est également répandue dans des gisements analogues en Perse (chaîne de l'Elbrous), dans l'Inde (Kutch et Rajmahal) et dans la Sibérie. Il semble donc que les dépôts du Caucase et de la Crimée, auxquels on doit réunir, suivant M. d'Eichwald, ceux d'Izium et de Kamenka dans la Russie méridionale, sont les représentants les plus occidentaux [1] d'une formation qui s'étendait alors sur une grande partie de l'Asie.

Grès et conglomérats.

Le schiste argileux est surmonté de grès en bancs épais et de conglomérats puissants dont les cailloux, de grosseur variable, sont formés de quartzite, de grès et de roches éruptives de diverses natures. Ces conglomérats sont souvent d'un rouge vif; ils sont parfois compactes, parfois liés par un ciment argileux qui se désagrège facilement. Ce groupe de terrains est puissant, mais très irrégulièrement distribué; il se voit sur le versant méridional de la Yaïla, du monastère Saint-Georges à Alouchta et même bien au delà, d'après les recherches de divers géologues; il forme une grande partie de la base du Tchatir-Dagh; il est très épais aux environs de Simphéropol, mais il manque entièrement sur toute la zone liasique septentrionale entre le cours de l'Alma et Balaclava. Ses rapports stratigraphiques avec les formations qui l'avoisinent

---

[1] Quelques indications semblent prouver que ce faciès du terrain jurassique inférieur est aussi représenté dans le Balkan.

sont compliqués. Il est tantôt lié au schiste avec lequel il alterne dans sa partie inférieure, tantôt il est en concordance de stratification avec les calcaires qui le recouvrent et alterne avec ceux-ci dans sa partie supérieure. Cependant il y a une discordance de stratification évidente entre le schiste et le calcaire. Il serait possible qu'il y eût deux horizons de poudingues, l'un faisant partie du groupe inférieur ou argileux, l'autre du groupe supérieur ou calcaire, mais comme je n'ai pu établir cette distinction que dans peu de localités, la division indiquée sur la carte est plutôt pétrographique que géologique[1]. Cependant la grande majorité de ces poudingues paraît liée au terrain sousjacent dont ils formeraient la partie supérieure. L'absence totale de fossiles ne permet pas de leur assigner un âge précis; on peut les classer dans la partie moyenne du terrain jurassique.

Calcaires.

De Verneuil n'a établi aucune subdivision dans les calcaires jurassiques de la Crimée. Dubois en a peu parlé et a distingué un groupe jurassique sans subdivisions et un étage corallien qu'il a reconnu à Djamataï et à Tirénaïr. Huot a divisé ces calcaires en deux étages qu'il parallélise, le premier avec l'oolite inférieure et la grande oolite, le second avec l'étage corallien ou coral-rag, sans toutefois les assimiler d'une manière précise aux mêmes divisions dans l'Europe occidentale. Les fossiles qu'il y indique et sur lesquels il base en partie sa classification ne sont, du reste, nullement caractéristiques de ces terrains.

Ces calcaires forment une chaîne élevée, nommée la Yaïla, dont l'escarpement abrupt est tourné du côté du sud et qui s'abaisse en pente plus douce vers le nord; elle s'étend des environs de Balaclava à Théodosie, parallèlement à la côte méridionale; elle est interrompue par deux grandes dépressions à l'E. et à l'O. de sa sommité principale, le

---

[1] Le conglomérat des environs de Simphéropol paraît, d'après sa position géologique, intercalé dans le schiste argileux et plus ancien que le reste de la formation qui est indiqué de la même couleur (*Jm*).

Tchatir-Dagh (1575m), mais elle se relève de suite à l'O., dans la Babougan-Yaïla, à une hauteur estimée par Engelhardt et Parrot à 1534m.
Ce sont les deux points les plus élevés de cette chaîne.

Le calcaire jurassique repose tantôt sur le schiste argileux, tantôt
sur les conglomérats. Toutes les couches de la Yaïla plongent vers le
nord avec une inclinaison variable, mais qui devient de plus en plus
rapide à mesure qu'on s'élève; elles sont concordantes entre elles et paraissent du côté méridional recouvrir en concordance le poudingue
supérieur aux schistes argileux. Bien que ces schistes soient très con-
tournés, les calcaires qui les dominent n'ont pas été affectés par ces contournements. Sur le versant nord, les couches supérieures des calcaires
sont en contact et en discordance de stratification avec le terrain jurassique inférieur.

Des masses calcaires considérables sont détachées de la Yaïla sur le
versant méridional et disséminées sur le schiste argileux; plusieurs
d'entre elles appartiennent à des éboulements récents, mais la majeure
partie remonte à une époque beaucoup plus ancienne et ont été séparées
de la chaîne principale à l'époque même du soulèvement[1].

Bien que la rareté des fossiles et le mauvais état de ceux qui ont été
recueillis ne permettent pas d'établir dans ces assises des subdivisions
correspondant à celles des autres régions de l'Europe, les renseignements que nous possédons sont cependant suffisants pour permettre de
classer dans le terrain jurassique supérieur cet ensemble de calcaires.
Les calcaires rouges et noirs, les marbres et les brèches qui constituent
le Tchatir-Dagh, la Yaïla et les environs de Balaclava sont remplis de
polypiers, d'oursins, de Diceras et de Nérinées. Les calcaires des environs de Biouk-Lambat, d'Aï-Daniel, d'Oursouf et de Laspi, séparés de
la chaîne principale à une époque ancienne, appartiennent à la même

---

[1] Les calcaires compactes jurassiques reposent sur le schiste qui est facilement rongé et entraîné
par les eaux; la base leur manquant, des quartiers parfois très considérables de roche se détachent
de la chaîne. C'est à cette cause que sont dus les nombreux éboulements des environs de Laspi,
l'éboulement qui ensevelit en 1786 le village de Kontchouk-Koï, à l'ouest de Phoros, celui de
Limène en 1809, etc.

formation et ont fourni à Dubois, M. Baily et M. d'Eichwald toute une faune coralligène. J'en indiquerai plus loin une partie. Pour ce terrain comme pour les autres, il faudrait du reste une révision complète des déterminations, d'autant plus que l'état de conservation des fossiles est généralement peu satisfaisant. Les plus certaines d'entre elles sont celles des Échinides ; la présence du *Cidaris glandifera* dans les calcaires de Balaclava, du *Cidaris Blumenbachii* Goldf. à Oursouf et Soudaxioxia, et du *Cidaris filograna* et du *Diplocidaris gigantea* Ag. à Aï-Daniel, confirme le classement de ces calcaires dans le terrain jurassique supérieur. La présence de nombreux *Diceras* établit une grande analogie entre ces roches et celles de la Dobrudcha dont la faune a été décrite par M. Peters.

Ces marbres et ces brèches constituent la partie inférieure des calcaires de la Yaïla dont les assises les plus élevées sont les calcaires à nérinées, à ptérocères et à polypiers des environs de Biouk-Ouzenbach, de Djamataï, de Tirénaïr et de Daïr auxquels sont généralement associés des conglomérats de cailloux de quartz. J'ai trouvé dans ces gisements une faune nombreuse dont presque aucune espèce, sauf la *Nerinea Defrancei*, n'a pu être identifiée avec des espèces déjà connues.

DESCRIPTION

Côte méridionale. *D'Alouchta à Yalta.* — La côte méridionale de la Crimée peut être rangée parmi les plus belles contrées de l'Europe. Exposée en plein midi, abritée des vents du nord par les grands escarpements de la Yaïla qui contrastent admirablement avec l'étendue de la mer, elle jouit d'un climat exceptionnellement favorable et bien différent de celui de la région située au nord de la chaîne. La beauté des sites, sa fertilité en ont fait un des séjours favoris de la noblesse russe. Le sol, formé d'une roche tendre, creusé de nombreux ravins, est encore accidenté par les masses sombres des roches éruptives et par des roches calcaires de toutes grandeurs. Tous les caps sont constitués par ces deux sortes de roches.

Les environs d'Alouchta sont entièrement occupés par les schistes argileux qui s'étendent sans interruption jusqu'au cap Nikita. Ces schistes, de couleur foncée, sont tantôt marneux et tendres, tantôt plus compactes, sableux, gréseux, micacés, et présentent alors l'aspect de psammites; ils se divisent en fines plaquettes ou même en feuillets. Ils renferment souvent des couches siliceuses, dures, de 10, 20 ou 30 centimètres d'épaisseur, imprégnées par places d'oxyde de fer qui donne à la surface de certains bancs une coloration rougeâtre. Le sol est recouvert sur de grands espaces d'efflorescences blanches qui ont été prises longtemps pour de l'alun, et que Huot a reconnues être du sulfate de soude. Des rognons irréguliers, très durs, de couleur jaunâtre et rougeâtre, et de dimensions variées, sont disposés en lits dans une marne noire foncée; ils sont argilo-ferrugineux et quelquefois simplement argileux. A mesure qu'on s'élève dans les couches supérieures, des bancs sableux s'associent aux marnes, et l'on passe à un dépôt de grès plus ou moins schisteux à grains fins avec des couches marneuses intercalées. Près d'Aï-Daniel, ces grès sont remplis de débris de plantes qui se dessinent en noir sur la couleur plus claire de la roche.

Toutes les couches sont très contournées, et l'on peut facilement en étudier les plissements dans les grands ravins qui parcourent ce terrain. Aux environs de Biouk-Lambat, elles présentent les plis les plus bizarres et tellement rapprochés les uns des autres qu'elles réapparaissent plusieurs fois sur une largeur de quelques mètres. Quand elles sont moins bouleversées, on voit qu'elles plongent toutes vers le nord, de sorte que les têtes des bancs se présentent presque toujours du côté de la mer.

Des grès et des conglomérats puissants (Pl. II, fig. 4, *Jm*) surmontent ce terrain et occupent la base du Tchatir-Dagh et de la Babougan-Yaïla. Au nord du Paragnilmen, le grès domine. Certaines couches sont assez tendres, sableuses, et se désagrègent facilement, d'autres sont très dures et passent à un conglomérat quartzeux; les couches plongent au nord-ouest et même à l'ouest.

Les escarpements de Kisil-Tach (pierre rouge) doivent leur nom à la couleur de la roche; leurs blocs éboulés sont dispersés en grand nombre sur les schistes argileux. C'est un grès assez tendre, en bancs minces, à grains fins, rouge et verdâtre, contenant aussi, par places, des bancs d'un conglomérat quartzeux renfermant des fragments de schistes argileux et de roches éruptives. Cette roche, traversée par la route de poste près d'Aï-Daniel, arrive au bord de la mer, à l'ouest d'Oursouf, au nord du cap Nikita; elle y est comprise entre le schiste argileux et le calcaire jurassique.

On y trouve beaucoup de restes de plantes, ainsi que des traces de bivalves [1]. Elle alterne avec un schiste noir et avec un calcaire gris cristallin, à cassure conchoïdale, bien différent du calcaire jurassique supérieur qui surmonte cette formation et qui constitue le cap même.

Sur les conglomérats du pied de la Babougan-Yaïla, repose un calcaire compacte, foncé, parfois oolitique et veiné de blanc, qui renferme beaucoup de traces de fossiles ; il est recouvert de calcaires oolitiques gris et rouges. Les couches du sommet de la montagne plongent faiblement au nord, constituant ainsi un plateau élevé, large, découpé par de profonds ravins dont la pente est dirigée vers le nord, et dont la hauteur est de 1400 à 1500 mètres.

Des grandes masses calcaires, détachées de la chaîne, reposent çà et là sur les schistes ; la plus considérable d'entre elles domine Biouk-Lambat et se nomme le Mont-Paraguilmen ; elle est formée d'un beau marbre bréchoïde rougeâtre et de calcaires compactes qui appartiennent à la partie supérieure du terrain jurassique, on y trouve des restes de fossiles qui sont presque impossibles à extraire ; ce sont des brachiopodes, des fragments d'huîtres, des polypiers et des *Diceras* ; des coupes de ces fossiles se voient distinctement sur les surfaces polies à côté de débris de polypiers, de cérithes et de nérinées. D'autres grands rochers sont épars à la surface du schiste argileux. Une bande calcaire en couches presque verticales et dont la roche, semblable à celle du Paraguilmen, renferme aussi beaucoup de fragments de polypiers et de dicérates, domine le cap Plaka. D'autres récifs se trouvent entre l'Ayou-Dagh et le cap Nikita aux environs d'Aï-Daniel ; ils sont séparés par des ravins creusés dans le schiste argileux et sont dirigés perpendiculairement vers la mer, où leur prolongement est encore indiqué par quelques îlots ; le plus occidental est un calcaire noir, oolitique, dont les couches plongent O.20°S. ; il constitue le rocher d'Oursouf ; dans le second, formé de la même roche, elles plongent S. 30° E., et renferment une faune corallienne, nérinées, polypiers, piquants d'oursins, parmi lesquels le *Diplocidaris gigantea* Ag. Dubois cite dans le calcaire noir d'Aï-Daniel [2] : *Ammonites plicatilis* Sow., *Pterocera, Lima, Mytilus* voisin du *pectinatus, Ostrea rugosa* Munst., *Terebratula curvata* Schloth., *Terebratula semiglobosa* Sow., *Terebratula ornithocephala* Sow., *Terebratula flabellula* Sow., *Encrinus, Rodocrinus echinatus, Apiocrinus mespiliformis?, Apiocrinus*

---

[1] Dubois a figuré la coupe des environs d'Aï-Daniel (pl. 12, fig. 1) ; il y a recueilli le *Monotis decussata* Munst., un petit *Pecten*, une térébratule, une huître et du bois carbonisé à l'extérieur et silicifié à l'intérieur ; il y signale de nombreuses traces de plantes terrestres (Voy. VI, 45) ; j'y ai trouvé beaucoup de plaques recouvertes de traces de plantes et des moules de bivalves qu'il n'est pas possible de déterminer.

[2] Voyage, VI, p. 52.

rosaceus Mill., *Pentacrinus lævis*, *Pentacrinus scalaris*, *Diadema*, *Arbacia*, *Cidaris spathula* Ag., *Cidaris marginata* Goldf., *Cidaris filograna* Ag., *Cidaris Blumenbachii* Munst., *Cidaris nobilis* Munst., *Cidaris maximus* Goldf., *Hemicidaris undulata* Ag., *Anthophyllum decipiens* Goldf., *Ceriopora*, *Scyphia parallela* Goldf., *Scyphia Nesii* Goldf., *Manon*. Quelque confiance qu'on accorde aujourd'hui à ces déterminations faites, il y a plus de trente ans, par les savants les plus compétents, de Buch, Agassiz et M. Quenstedt, elles indiquent évidemment une faune du terrain jurassique supérieur.

Par suite d'une faille considérable, les calcaires de la Yaïla s'abaissent entre Nikita et Magaratch jusqu'au bord de la mer ; un lambeau de schiste argileux apparaît au milieu d'eux et a servi à établir un jardin botanique. Au delà de ce passage, le terrain jurassique inférieur occupe le bord de la mer jusqu'à Yalta.

Des roches éruptives ont percé en plusieurs points les schistes argileux aux environs d'Alouchta et contribuent à donner à la côte un aspect des plus accidentés. Je ne connais pas celle qui forme le Biouk-Ouraga; elle est signalée par Dubois et par Huot. La première masse importante qui apparaît aux regards à partir d'Alouchta est celle du Mont-Castel (Pl. II, fig. 4), formée d'une diabase qui paraît disposée en couches concentriques [1]. Elle est isolée par de profonds ravins de la roche au milieu de laquelle elle a surgi.

La grande éruption de l'Ayou-Dagh, qui s'élève au bord de la mer en un promontoire pittoresque, est constituée par une diabase à grains moyens. Cette roche contient des grains blancs, troubles, de plagioclase, de 2^{mm} de longueur, et des grains transparents, plus petits et moins nombreux, d'orthoclase. Le pyroxène est en grains d'un vert brun, plus petits que ceux du plagioclase ; il est accompagné d'amphibole et de biotite. Des grains de magnétite et de pyrite, des colonnettes d'apatite et des particules de chlorite sont disséminés dans cette roche. On y remarque encore des corps bruns à contours parfois bien définis qui sont probablement de l'olivine décomposée.

On trouve entre Alouchta et Lambat une petite éruption d'une roche de même nature. Celle du Metvetgora est constituée par les mêmes éléments et a la même structure, mais elle est plus décomposée.

Une partie de l'Ayou-Dagh renferme encore une diabase à grains fins qui est plus rare en Crimée que la précédente. C'est une roche de couleur gris clair, à cassure mate, ayant une tendance à la structure porphyrique par le fait que les grains de plagioclase sont plus gros que les éléments qui les entourent. Vue au microscope, la

---

[1] Les échantillons que j'en ai recueillis ont été égarés. Dubois donne à cette roche le nom d'ophitone. Les descriptions suivantes de roches éruptives sont extraites de la note publiée par M. Tschermak, *loc. cit.*

pâte paraît composée de cristaux et de grains de plagioclase, entremêlés de particules transparentes d'orthoclase, de chlorite d'un vert foncé, de calcite et de quartz qui paraissent des produits de décomposition.

Une petite masse d'une roche identique se montre au nord de celle-ci près de la route.

Des mélaphyres ont fait éruption dans le voisinage des diabases. Celui du cap Plaka a une couleur gris cendré, verdâtre; de petits feuillets de feldspath gris clair lui donnent une structure porphyrique confuse. On y voit au microscope des grains de plagioclase qui sont devenus tout à fait opaques, de petits grains de calcite et des particules de chlorite foncée d'un vert brun, dans lesquelles on reconnaît parfois les formes du pyroxène. Les grains de magnétite y sont rares.

Yalta. La Yaïla. — Plusieurs petites rivières, descendant de la Yaïla, arrivent à la mer aux environs de Yalta. Une belle végétation entoure cette ville et s'élève en gradins jusqu'au pied des rochers calcaires. En suivant le chemin qui passe le Yaman-Tach (Pl. II, fig. 3), on reste, jusqu'au delà de Dérékoï, dans les couches très contournées du schiste argileux. Un peu plus haut que ce village, on traverse des grès en couches épaisses qui contiennent des fragments noirs et indistincts de tiges de calamites et d'autres restes de plantes; ils sont assez tendres, colorés en verdâtre par de la glauconie et sont identiques aux grès des environs d'Aï-Daniel; ils sont surmontés de marnes compactes et non feuilletées qui, alternant avec des bancs de grès, s'étendent au pied des escarpements. Le village d'Aï-Vasili est construit au milieu d'eux. La masse puissante de calcaires (*Js*) qui surmonte ces grès présente constamment les têtes de couches du côté du sud, les couches plongeant vers le nord avec une inclinaison qui est faible sur le revers méridional de la chaîne et qui devient rapide sur le versant nord. Elle se compose des couches suivantes :

a) Calcaire noir, parfois oolitique, contenant des traces de polypiers, semblable aux roches d'Oursouf.

b) Calcaire gris, puissant, avec couches oolitiques.

c) Calcaire plus tendre en dalles minces régulièrement stratifiées.

d) Calcaire gris, contenant des *Diceras* et des polypiers.

e) Calcaire gris clair, dur, compacte, formant les escarpements supérieurs de la Yaïla qui sont les plus rapides à gravir, le sommet de la montagne et une partie du revers septentrional; il contient aussi des traces de polypiers.

f) Calcaire en bancs minces, corallien, fossilifère, riche en polypiers, nérinées, actéonelles et autres gastéropodes.

g) Grès et conglomérat de petits cailloux de quartz blanc; ces couches sont très désagrégées superficiellement. Elles occupent le pied des pentes du côté de Bionk-Ouzenbach et reposent en discordance sur le schiste argileux (*Ji*); celui-ci s'étend au loin vers le nord jusqu'à la base du contre-fort néocomien (*Ci*).

De Yalta à Baïdar. — Une vallée semblable à celle d'Aï-Vasili s'ouvre à l'ouest de Dérékoï; puis la zone de schistes argileux se rétrécit de nouveau et finit par disparaître sous les grès et les calcaires du cap Aï-Todor. De splendides villas, Livadia, Orianda, etc., sont disposées le long de cette partie de la côte. De grands rochers calcaires isolés accidentent le paysage et servent de bases à d'élégants pavillons d'où l'on jouit d'une vue magnifique. Les calcaires qui s'étendent jusqu'au cap et sur lesquels est construit Gaspra, sont compactes, gris, souvent oolitiques et remplis de traces de polypiers et d'autres fossiles; ils sont semblables à ceux que j'ai trouvés dans l'ascension de la Yaïla. Ils reposent à l'est sur le grès, mais à l'ouest ils sont directement en contact avec le schiste argileux qui se prolonge dès lors sans interruption jusqu'au delà de Laspi et se termine dans le voisinage du cap Aïa. Cette zone est dominée au nord par la chaîne calcaire qui s'élève ici en un escarpement continu, presque partout inaccessible. Elle est composée de marbre brèche, de calcaire gris, oolitique et de calcaire compacte dans lequel on voit de nombreux restes de *Diceras* et de polypiers; mais l'extraction de ces fossiles est presque impossible. La route passe au-dessus d'Aloupka, résidence du prince Woronsoff; le palais a été construit avec une diabase dont l'éruption se trouve dans le domaine même. Des masses calcaires énormes sont séparées de la chaîne principale; deux d'entre elles s'étendent jusqu'au bord de la mer, entre Siméis et Limène, et près de Koutchouk-Koï; d'autres sont dispersées à diverses hauteurs sur le schiste argileux [1].

Au delà de Siméis, la route longe le pied d'une éruption considérable de porphyre pyroxénique qui s'élève jusqu'au pied des escarpements. C'est une belle roche d'un gris verdâtre, tachetée de blanc. La pâte renferme beaucoup de cristaux blancs d'orthoclase, de grandeur inégale, qui ont jusqu'à 4^{mm} de longueur et des cristaux aussi nombreux de pyroxène d'un vert foncé dont la longueur atteint 5^{mm}. Au microscope, on reconnaît que des lamelles de plagioclase sont fréquemment associées aux gros cristaux d'orthoclase. Celui-ci présente souvent des taches blanches à la lumière directe et brunes par transparence. La séparation très nette des places opaques et des places translucides donne à ce minéral un aspect tacheté, bizarre. Le plagioclase n'a pas

---

[1] Dubois a donné une vue des environs de Limène dans laquelle les traits géologiques de cette région sont bien représentés. Voyage, VI, p. 83, pl. 21; pl. 12, fig. 3.

de ces taches opaques. Le pyroxène est en général pur et transparent; parfois il contient cependant de petites bulles de gaz et des particules arrondies d'une matière amorphe. La pâte est composée de beaucoup de petites lamelles de feldspath qui sont, soit du plagioclase, soit de l'orthoclase, de petits grains de pyroxène, de magnétite et de pyrite. On y observe aussi des corps plus gros, rhomboédriques, à texture fibreuse, qui sont des aggrégats de produits de décomposition, probablement de l'olivine. La calcite se trouve fréquemment aussi en petits amas. Les particules cristallines de la pâte sont souvent entourées d'un magma amorphe vitreux.

J'ai trouvé une roche semblable entre Merdvin et Pchatka; des cristaux blancs de feldspath orthoclase, disséminés dans une pâte fine d'un gris verdâtre, lui donnent une structure porphyrique. Ils sont composés de couches qui ont des degrés très divers de transparence; les unes sont incolores, les autres sont blanches à la lumière directe et brunes par transparence; cette structure résulte d'un commencement de décomposition. On y trouve beaucoup de chlorite qui enveloppe des grains de pyroxène et dont la disposition rappelle la forme des cristaux de ce minéral. La pâte renferme aussi de petits cristaux de plagioclase altérés, un peu de biotite, de magnétite et de pyrite: on y voit souvent des veines fines de calcite grenue.

A l'ouest de Mélas se trouve un porphyre orthoclase. Les cristaux de ce feldspath sont disséminés dans une pâte compacte d'un gris clair, qui est un mélange de lamelles de feldspath et de particules de chlorite, entre lesquelles on remarque des grains de magnétite et de pyrite; celle-ci, disposée en aggrégats ramifiés, est probablement de la marcasite. Les grains de calcite y sont abondants. On y trouve par places des traces d'amphibole et de pyroxène.

Les schistes des environs de Pchatka, de Mouchalakta et de Mélas sont très argileux, foncés et de couleur rougeâtre; ils renferment une alternance de roches variées au milieu desquelles prédominent les bancs argileux; ce sont des couches tendres, feuilletées, des bancs siliceux, compactes, d'une extrême dureté, des bancs calcaires et sableux dont la surface est couverte de débris de végétaux et des rognons argileux disposés en couches. Ils s'étendent jusqu'au bord de la mer et présentent des contournements aussi compliqués que ceux des environs d'Alouchta auxquels ils sont du reste identiques. Ils contiennent à Mouchalakta et à Castropoulo du lignite qui a donné lieu à des tentatives d'exploitation. Le combustible est en quantité peu considérable dans des couches argileuses, entourées de grès dans lesquels on trouve des empreintes de plantes indéterminables.

La grande route quitte la côte au delà de Pchatka; elle s'élève dans le schiste argileux jusqu'au passage de Phoros. La Porte de Baïdar est taillée dans le calcaire jurassique en place; celui-ci n'a plus en ce point qu'une épaisseur très faible et on retrouve aussitôt après le schiste argileux. Les environs de Phoros sont très bouleversés par des roches éruptives; des masses puissantes sont détachées de la chaîne. A l'est de ce passage, celle-ci s'élève rapidement; les calcaires du revers nord ont été creusés par les eaux jusqu'au schiste argileux et découpés en lambeaux plus ou moins isolés. Cette partie de la Yaïla que l'on peut gravir par le splendide passage de Merdvin, est constituée, comme sa région plus occidentale, par des calcaires compactes, et des brèches dont les couches plongent ordinairement au NO. A l'ouest de Phoros, la côte est recouverte de nombreux éboulements et pénétrée par des masses éruptives. La chaîne s'approche de plus en plus du bord de la mer, la zone de schistes argileux diminue peu à peu et disparaît sous les calcaires du terrain jurassique supérieur [1].

Baïdar et Balaclava. — La vallée de Baïdar (Pl. II, fig. 1) forme un vaste ovale dirigé de l'est à l'ouest, dont la pente générale est du côté du NO. Le terrain jurassique inférieur y apparaît par suite d'un dédoublement de la chaîne calcaire dont les couches plongent au nord des deux côtés de la vallée. Les contournements des schistes argileux et des grès sont peu visibles dans le fond de la plaine qui est assez uni, mais j'ai pu les observer à Kaïtou (Pl. I, fig. 14) sur les pentes qui supportent les calcaires jurassiques; les calcaires brèches qui les surmontent plongent ici E. 25°S. Les schistes se prolongent au delà de Kaïtou jusqu'au bord de la mer; la Yaïla est rompue en ce point, et quelques gros blocs reposant sur le schiste en marquent seuls la continuation.

La vallée est dominée au nord par un escarpement de calcaires jurassiques compactes; on y trouve à la base des bancs de conglomérats et des couches à encrines. Ces calcaires sont recouverts sur la pente nord de la chaîne par le terrain néocomien (*Ci*). Cette région est la seule dans la partie de la Crimée que j'ai visitée où le terrain néocomien soit en contact avec le terrain jurassique supérieur.

Les formations jurassiques supérieure et inférieure sont, comme le montre la carte, très enchevêtrées dans toute cette région; les schistes argileux affleurent là où les érosions ont entamé profondément les calcaires, et entre ces deux terrains se voient par places les couches du conglomérat. La route de Baïdar à Sébastopol traverse ces divers terrains. Kamara, qui est situé au nord de la chaîne calcaire, repose sur les grès et les conglomérats en couches très redressées.

---

[1] Dubois y a recueilli, au pied du Mont-Ilia : *Ammonites plicatilis, Trochus* voisin du *Jurensis-similis* Rœm., *Cirrhus, Terebratula lacunosa, Pecten, Lima, Diceras, Lithodendron dichotomum, Anthophyllum, Astræa*, etc. (Voyage, VI, p. 102).

La baie de Balaclava (Pl. I, fig. 12) est entièrement encaissée dans le calcaire jurassique. On y trouve, comme dans celui de la Yaïla proprement dite, quelques brachiopodes (*Rhynchonella Cookei* Baily, *Terebratulina radiata* Baily), des polypiers et des oursins, parmi lesquels M. Baily cite le *Cidaris glandifera* Goldf. C'est une roche compacte, grise, bréchoïde, en bancs minces plongeant à l'ouest. En sortant du golfe et en longeant à l'est les grands escarpements qui dominent la mer, je trouvai sous ce terrain un grès foncé (*Jm*), puissant, contenant beaucoup de grains de quartz blanc, associé à une brèche à gros éléments de couleur foncée; à ce grès succède une marne noire (*Ji,*) avec des lits de rognons argileux; elle alterne avec des couches minces et plus claires d'une roche compacte et renferme des bancs de lignite (*ch*) qui ont été exploités, bien que leur épaisseur soit peu considérable.

La zone des calcaires jurassiques se termine un peu à l'est du monastère Saint-Georges, dans une gorge profonde [1] dont le bas est formé par le schiste argileux; il est surmonté par un conglomérat rouge, dominé par une brèche calcaire de même couleur avec laquelle il alterne dans sa partie supérieure. Les calcaires jurassiques sont recouverts des couches tertiaires qui, brusquement redressées dans le voisinage de cette gorge, s'étendent ensuite horizontalement sur tout le plateau de la Chersonnèse.

VERSANT NORD DE LA YAÏLA.— La zone des schistes argileux située au nord de la Yaïla est beaucoup plus homogène dans sa composition que celle du versant sud. Elle commence à Kouloulouz, au nord de Baïdar, et s'étend au NE., en prenant une largeur de plus en plus grande (Pl. II, fig. 2, 3); elle entoure le pied du Tchatir-Dagh et s'unit à l'est et à l'ouest de cette montagne avec celle qui forme le littoral de la mer Noire. Elle est limitée au NE. par le prolongement oriental de la Yaïla. Elle forme une région ondulée, bordée au sud par la chaîne calcaire dont les escarpements sont beaucoup moins rapides sur ce versant que sur l'autre, et au NO., par les roches crétacées qui présentent au sud leurs têtes de couches et qui reposent sur le schiste en discordance de stratification. Ces schistes sont constitués par une marne plus ou moins feuilletée, d'un gris foncé, alternant avec des marnes rougeâtres, des bancs calcaires et des couches sableuses. Ces roches sont tendres et peu résistantes; je n'y ai reconnu aucune trace de charbon; les éléments en sont fins; le poudingue et les grès ne se montrent presque nulle part dans la partie occidentale de cette région; ils apparaissent seulement plus à l'est, au pied du Tchatir-Dagh et aux environs de Simphéropol. Les couches sont plissées, onduleuses, mais elles ne sont pas renversées ni déjetées vers

[1] Dubois, Atlas, V⁰ s, pl. 16, fig. 4, 5

le sud comme sur la côte méridionale. Elles plongent alternativement au NO. et au SE. Quelques apparitions de roches éruptives et quelques lambeaux néocomiens rompent seuls jusqu'au pied du Tchatir-Dagh, l'uniformité de cette contrée. Dans la vallée du Belbek, les schistes sont traversés un peu au nord du village de Kokkoz par une éruption de diabase dont l'affleurement n'a guère plus d'un demi-kilomètre de diamètre. C'est une roche à grains moyens, très altérée à la surface; elle renferme du plagioclase décomposé, de la chlorite et quelques grains de magnétite; mais on n'y reconnaît ni pyroxène, ni amphibole; elle a du reste une grande ressemblance avec la diabase de l'Ayou-Dagh et de quelques autres points de la côte méridionale. Kokkoz même est sur le schiste argileux et entouré au sud de calcaires jurassiques.

Près d'Aïrgoul, les schistes présentent une puissante intercalation de grès plongeant régulièrement vers le nord; les couches tranchent par leur couleur plus claire sur la couleur généralement foncée de ces roches; elles sont surmontées de nouveau de schistes feuilletés, foncés, recouverts par la roche néocomienne.

Une éruption de mélaphyre a apparu à Badrak, au contact du schiste argileux et du terrain néocomien. Elle est presque semblable à celle qui forme le cap Plaka: la pâte en est plus foncée et elle renferme de nombreux cristaux de plagioclase de 2^{mm} de longueur qui lui donnent un aspect porphyrique.

Des mélaphyres d'époque plus récente se voient à Karagatch et à Orta-Sabla, au contact du terrain néocomien. Celui de Karagatch est foncé, compacte; la pâte renferme de très petits cristaux d'orthoclase et de plagioclase, des grains de pyroxène et de magnétite et des particules de chlorite. Des cristaux plus grands d'orthoclase et des colonnettes qui ont la forme de cristaux d'amphibole y sont disséminés, ainsi que de petites géodes de chlorite et de calcite. Le mélaphyre d'Orta-Sabla est semblable au précédent; on y distingue même à l'œil nu les cristaux de feldspath et de pyroxène.

Quelques masses éruptives que je n'ai pas eu le temps de visiter se trouvent aussi près de Betchev dans la vallée de l'Alma.

A Orta-Sabla apparaît un porphyre à feldspath orthoclase: c'est une roche compacte, d'un gris clair, contenant des cristaux foncés d'amphibole. Au microscope, on voit que la pâte renferme beaucoup de cristaux d'orthoclase, des grains de ce feldspath et de plagioclase, de magnétite et de biotite; les colonnettes d'amphibole sont changées en un agrégat de biotite, de magnétite et d'un autre minéral, presque incolore.

Une éruption de diorite a percé le schiste à Kourtzi près de Simphéropol. C'est une roche à grain assez fin qui renferme un mélange de feldspath blanc et d'aiguilles noires d'amphibole. Le feldspath est en majeure partie un plagioclase trouble, assez décomposé ; on y remarque aussi un peu d'orthoclase transparente, un peu de biotite, de la magnétite, de la chlorite ; ce dernier élément est un produit de décomposition de l'amphibole.

Un porphyre pyroxénique à feldspath orthoclase, ressemblant beaucoup à celui qui a été trouvé dans les environs de Pchatka, a fait éruption près de là. Il est formé d'une pâte à grain fin, d'un gris verdâtre, à laquelle des cristaux de quartz et d'orthoclase donnent une structure porphyrique indistincte ; ceux de quartz sont entourés d'une couche mince, verdâtre, ceux d'orthoclase sont troubles et décomposés. Au microscope, la pâte paraît un agrégat d'au moins huit minéraux dont les plus visibles sont ceux du pyroxène. Le feldspath est probablement du plagioclase ; on y trouve, en outre, de la biotite, de l'amphibole, des grains de magnétite et de pyrite, des pseudo-morphoses formées d'un minéral ressemblant à la serpentine, des aiguilles d'apatite et de petites colonnettes d'un minéral vert pâle qui est probablement de l'épidot. C'est ce dernier qui, associé au feldspath, forme autour des cristaux de quartz une enveloppe verdâtre. On y voit encore de petits grains de calcite.

De grandes masses de conglomérat et des éruptions porphyriques considérables apparaissent au milieu des schistes argileux dans les environs de Simphéropol. En suivant la route qui conduit de cette ville à Alouchta, on marche pendant plusieurs kilomètres sur un conglomérat dont les couches verticales sont dirigées N. 30° E. C'est une roche dure, compacte, renfermant des cailloux de grosseurs diverses, parmi lesquels ceux de quartz sont les plus nombreux ; elle est traversée en plusieurs places par des éruptions de porphyre. La plus considérable, qui la limite au sud, commence deux kilomètres environ avant Eski-Orta et se prolonge jusqu'à Salghirchik. C'est un porphyre à feldspath orthoclase très voisin de celui que j'ai trouvé dans les environs de Kourtzi. Il est d'un gris cendré, à pâte fine, avec des cristaux disséminés de feldspath et de quartz. Le feldspath prédominant est l'orthoclase, mais on y trouve aussi du plagioclase ; leurs cristaux ont au maximum 5^{mm} ; ceux de quartz ont seulement 2^{mm}. Au microscope, on voit que la pâte est formée d'un mélange de grains d'orthoclase, de plagioclase, de biotite et en moindre proportion de magnétite et de pyroxène. De petits grains paraissent se rapporter au grenat ; les particules de chlorite y sont communes. On y trouve, comme dans le porphyre pyroxénique de Kourtzi, les cristaux enveloppés d'une pellicule feldspathique dans laquelle on remarque aussi des aiguilles d'épidot.

Au delà de Salgirchik, la route est tracée constamment dans le schiste argileux qui s'étend sans interruption entre le Tchatir-Dagh et le prolongement oriental de la Yaïla jusqu'aux rives de la mer Noire.

Tchatir-Dagh. —Cette montagne est une grande masse calcaire, isolée au milieu des schistes argileux [1]. Elle forme la continuation de la Yaïla et sert d'intermédiaire entre la partie occidentale de la chaîne et la partie orientale qui, commençant au mont Samarkaïa, se prolonge jusqu'à Théodosie. C'est en ce point qu'a été l'effort maximum du soulèvement. Les vallées qui la séparent du reste de la chaîne ont été probablement produites par des dislocations survenues lors de ce soulèvement, puis augmentées par les érosions. La montagne est entourée de toutes parts de conglomérats puissants qui surmontent le schiste argileux et sont recouverts par les calcaires. Je n'en ai pas fait l'ascension. D'après la description de de Verneuil, ces conglomérats alternent à leur partie supérieure avec les calcaires qui les recouvrent; ils sont du même âge que ceux du pied de la Babougan-Yaïla.

En allant de Biouk-Chavki au village d'Aïan, on commence par traverser, sur la rive gauche du Salghir, des schistes argileux plongeant N. 20°O.; puis des grès qui plongent au sud, et qui sont surmontés d'un conglomérat puissant de cailloux de quartz alternant avec des brèches et des calcaires. Ces dernières roches, très compactes, forment un beau marbre rouge et blanc qui contient quelques traces de coquilles et de grands polypiers; elles se redressent vers le nord aux sources mêmes du Salghir et gardent cette inclinaison dans le Tchatir-Dagh.

Le village de Biouk-Yankoï, situé à l'est de celui de Aïan, est construit sur un grès en dalles minces dont les couches, presque verticales, dirigées N. 30°E., plongent au NO. et sont parfois très contournées; ces grès sont semblables à ceux que l'on voit au nord de Mamout-Sultan; le poudingue d'Aïan renferme des couches identiques à celles-ci et doit en être un équivalent. Ces couches s'étendent beaucoup à l'O. et au NO. de Biouk-Jankoï.

Les calcaires de la partie supérieure de la montagne sont formés à leur base de brèches, de marbre noir et rouge, oolitique, contenant des traces de polypiers; toutes les couches plongent vers le nord et affleurent successivement sur le plateau qui forme le sommet; leur inclinaison diminue à mesure qu'on avance vers le nord; les roches en sont toutes semblables à celles de la Babougan-Yaïla et du Yaman-Tach que j'ai décrites antérieurement; elles en sont du reste la continuation directe.

Yaïla oriental. — Elle forme un escarpement considérable qui diminue de hauteur à mesure qu'il avance vers le nord et qui s'étend du Mont-Samarkaïa au delà du village de Djamataï. Des conglomérats rouges et des poudingues en occupent la moitié inférieure et sont recouverts par une grande épaisseur de calcaires brèches et de

[1] La hauteur du col à l'est de cette montagne est de 853 mètres.

marbres semblables à ceux des environs d'Aïan et de la Babougan-Yaïla. C'est à la limite de ces formations que se trouvent les splendides grottes de Kizil-Koba. On observe à leur entrée que le calcaire jurassique repose en stratification discordante sur les têtes de couches du conglomérat[1]. En avançant vers le nord, l'épaisseur des conglomérats et des marbres diminue et l'on arrive dans des couches plus récentes qui paraissent recouvrir directement le schiste argileux.

Près de Tirénaïr, une petite vallée d'érosion donne une bonne coupe du terrain jurassique supérieur. Les couches peu inclinées vers le nord se succèdent de haut en bas dans l'ordre suivant :

1. Calcaire oolitique jaunâtre, bréchoïde avec faune corallienne, nérinées, actéonelles, ptérocères, huîtres, anomies et beaucoup de polypiers[2].

2. Calcaire oolitique, contenant des huîtres.

3. Marne oolitique, associée à un conglomérat.

4. Marne bleue oolitique avec fragments de végétaux et lignite; cette couche contient de petits fossiles et des huîtres.

5. Marne bleue avec lignite; le lignite se trouve un peu au dessous de la surface du sol.

L'ensemble de ces couches a environ 30 mètres d'épaisseur. Les fossiles sont nombreux; ce sont presque toujours des moules, et leur détermination, celle des nérinées surtout, présente de grandes difficultés. On peut y reconnaître les *Nerinea Defrancei* et peut-être la *Nerinea Goodhalii* Sow. La plupart des autres espèces paraissent nouvelles et appartiennent aux genres *Acteonella, Trochus, Spondylus, Ostrea, Anomia* et *Terebratula.*

Cette même formation recouvre plus à l'est une grande étendue. En remontant le Chuiunchu et en allant à Pétersburghi-Mazankio, on chemine sur un poudingue décomposé qui s'étend jusqu'au pied de l'escarpement nummulitique et qui est formé en grande partie de cailloux de quartz blanc. Les couches en sont peu inclinées vers le nord; on les voit presque horizontales tout près des couches nummulitiques; elles occupent le plateau à droite et à gauche du Bechtérek[3].

J'ai pris, dans cette vallée, la coupe suivante dans laquelle les couches se succèdent de haut en bas :

---

[1] Dubois, Atlas, Ve s., pl. 12, fig. 7.

[2] Dubois y signale les fossiles suivants : *Nerinea, Turbinolia, Avicula, Modiola plicata* Sow., *M. vauscripta* Sow., *Ampullaria obesa, Exogyra decussata, Spondylus corallifagus* Goldf. Voyage, V, p. 408.

[3] Mes notes sur cette vallée ne sont pas assez complètes pour que les indications des terrains sur la carte soient parfaitement certaines.

1. Conglomérat, en bancs épais de 30 à 60 centimètres, formé de petits cailloux de quartz liés par un ciment calcaire.

2. Couche de sable et de grès contenant beaucoup de fossiles coralliens semblables à ceux de Tirénaïr; épaisseur 0^m,50.

3. Conglomérat de cailloux de quartz; épaisseur 0^m,30.

4. Couches sableuses, 2^m.

3. Calcaires marneux, à cérithes et petites huîtres, 0^m, 30.

2. Couches sableuses, 2^m.

1. Conglomérat très puissant ayant les mêmes caractères que le n° 1 et contenant aussi des bancs à plus gros éléments, 10^m.

Les fossiles sont les mêmes qu'à Djamataï et à Tirénaïr. Bien qu'ils ne fournissent pas de détermination certaine, le caractère de cette faune paraît cependant franchement jurassique. Ces assises correspondent à celles qui forment le versant nord de la Yaïla près de Biouk-Ouzenbach. Ce sont les couches supérieures du terrain jurassique de la Crimée.

TERRAINS CRÉTACÉS, TERTIAIRES ET QUATERNAIRES

CARACTÈRES GÉNÉRAUX

Ces terrains constituent une région bien distincte de la région plus méridionale occupée par le terrain jurassique. J'en résumerai brièvement es caractères, puis je décrirai leur disposition relative, en les examinant successivement de l'ouest à l'est. Les trois subdivisions que j'ai établies dans la formation crétacée sont parfaitement concordantes entre elles et passent de l'une à l'autre par une transition insensible. Elles forment des zones parallèles qui se succèdent régulièrement et présentent vers le SE. leurs têtes de couches rompues, tandis qu'elles s'inclinent doucement vers le NO. Elles sont coupées transversalement par des cluses profondes qui livrent passage aux eaux descendant de la Yaïla. Leur disposition est semblable à celle de ces mêmes terrains sur le versant nord du Caucase, quoique leurs caractères pétrographiques et paléontologiques soient bien différents. Elle n'a pas été comprise par Huot qui les a représentées très inexactement sur sa carte et a vu partout des failles dans une région dont la structure est en réalité des plus simples. L'étude paléontologique de ces terrains amènerait certainement à y reconnaître un grand nombre d'horizons; il serait indispensable pour cela de recueillir les échantillons en place sans se contenter seulement des fossiles nombreux contenus dans les musées. Dubois a commencé à poser les bases de cette classification et a donné un tableau des assises crétacées et nummulitiques des environs de Bakchi-Séraï. Mais ses déterminations ne sont pas assez précises pour donner une idée exacte de cette série.

Terrain néocomien.

Il forme une bande étroite et continue, qui s'étend du SO. au NE., des environs de Balaclava à Simphéropol, où elle se termine ; quelques lambeaux isolés du même terrain se voient aux environs de Mangouch et d'Orta-Sabla, mais ils sont voisins de la zone principale et ils en dépendent intimement par leur situation géologique. Des calcaires sableux, jaunâtres, des grès, parfois même des conglomérats, alternant avec des calcaires et des couches de marnes, constituent l'ensemble de cette formation. Ils reposent tantôt sur le calcaire jurassique supérieur (Pl. I, fig. 1 ; Pl. II, fig. 1) tantôt sur les marnes du terrain jurassique inférieur (Pl. II, fig. 2 à 5) ; leurs couches sont rompues vers le sud où elles forment souvent un escarpement abrupt ; elles s'abaissent en pente douce vers le nord ; elles apparaissent au NO. de Balaclava sous le terrain miocène (Pl. I, fig. 7) qui les recouvre en discordance de stratification. A partir de ce point, elles sont constamment surmontées par le terrain crétacé moyen (*Cm*). On y trouve des fossiles qui sont généralement à l'état de moules ; M. d'Eichwald en a signalé un très grand nombre[1] ; mais, comme je n'ai aucun moyen de vérifier ces déterminations, je ne reproduis pas ici la longue liste qu'il en a donnée. Les plus caractéristiques et ceux qui peuvent être indiqués d'une manière certaine, sont :

Belemnites latus, Bl. Bia-Sala.

Nautilus pseudoelegans, d'Orb. Bia-Sala, Aï-Todor.

Ammonites Astierianus, d'Orb. Orta-Sabla.

Ancyloceras Duvalii, Ast. Bia-Sala.

Crioceras, sp.

Ostrea Couloni, Defr. Bia-Sala.

Terebratula janitor, Pict. Karagatch.

Cidaris punctata, Rœm. Mangouch.

Pseudocidaris clunifera, Ag., sp. Mangouch.

Holaster cordatus, Dub. Mangouch.

Toxaster Ricordeanus, Bia-Sala.

Holectypus Sinzowi, P. de Lor. Orta-Sabla.

Psammechinus Trautscholdi, P. de Lor. O-Sabla.

J'ai recueilli encore un grand nombre d'autres fossiles qui, de même que plusieurs des Échinides, appartiennent à des espèces nouvelles. La citation faite par Dubois de la *Terebratula diphya* à Karagatch se rapporte

[1] Lethea Rossica.

à un très bel exemplaire de la *T. janitor* qui se trouve aujourd'hui dans la collection de Zurich. Son gisement dans les couches néocomiennes ne peut faire l'objet d'aucun doute, le terrain jurassique supérieur étant éloigné de 20 kilomètres de cet endroit. Il se trouve associé à toute une faune d'ammonites qui sont très voisines des *Ammonites semistriatus, quadrisulcatus, subfimbriatus, recticostatus, cassida*, sans qu'on puisse cependant les identifier avec elles. Les autres espèces indiquées ci-dessus ont été trouvées dans le même terrain et pour la plupart dans des gisements voisins; mais on ne peut pas dire qu'elles soient associées à la *Ter. janitor*. L'échantillon de ce fossile est tout à fait semblable à ceux qui ont été recueillis par M. Hébert et par M. Vélain dans le terrain néocomien du midi de la France, jusque dans la zone à *Scaphites Yvanii*, et dont on peut voir de nombreux exemplaires dans les collections de la Sorbonne. D'après ces indications, il paraît certain que cette espèce, dont la présence dans le terrain jurassique supérieur a été constatée d'une manière positive, appartient à la fois à ce terrain et au terrain crétacé inférieur.

Terrain crétacé moyen.

Formé de couches marneuses et peu résistantes, il s'étend au nord du terrain néocomien sur lequel il repose partout avec une largeur variable; il est limité au NO. par les couches de la craie. La région qu'il occupe est constituée par de petites collines onduleuses, à relief peu accentué, dégarnies de végétation sauf dans le voisinage des cours d'eau. Sa largeur est de 5 à 8 kilomètres dans les vallées de la Tchernaïa, du Belbek et de la Katcha; elle est moindre dans leurs intervalles et diminue en approchant de Simphéropol. Ses couches plongent faiblement au NO. Elles commencent par des marnes bleues et blanches qui alternent avec des bancs calcaires et font suite aux couches de même nature qui terminent la série néocomienne. Elles passent peu à peu à des calcaires marneux blanchâtres, fissiles, tendres, se divisant en plaques parallèles et qui constituent la plus grande partie de cette formation. On remarque

dans ces marnes des couches plus ou moins sableuses et quelques bancs
très glauconieux. Les fossiles y sont beaucoup plus rares que dans le
terrain néocomien. Le faciès de la roche a peu changé pendant toute
cette époque et les dépôts du terrain aptien, du gault, du terrain cénomanien, ne s'y distinguent pas, comme dans d'autres parties de l'Europe
et dans le Caucase, par la variété de leurs roches et l'abondance de leurs
fossiles. J'ai réuni sous le même nom toutes les assises comprises entre
le terrain néocomien et celui de la craie blanche. La partie inférieure de
ce terrain renferme un banc de terre à foulon.

Terrain crétacé supérieur.

La craie blanche s'étend avec une grande régularité au NO. de la
craie moyenne. Formées de calcaires homogènes et résistants, ses couches, rompues du côté sud, dominent parfois d'une grande hauteur
celles de ce terrain. Elles s'abaissent doucement vers le nord sous le
terrain nummulitique. Elles apparaissent au fond du golfe de Sébastopol
où elles sortent de la mer près de la chaussée de Belbek ; elles at-
teignent de suite une élévation assez considérable et encaissent la vallée
de la Tchernaïa, formant sur la rive droite les célèbres hauteurs d'Inkerman (Pl. I, fig. 2, 4, 6); elles se dirigent ensuite au NE. avec de
nombreuses ondulations, provenant de la profondeur plus ou moins
grande des érosions. Celles-ci ont isolé quelques lambeaux de la zone
principale et c'est ainsi que se sont formés les cones de Mangoup-Kalé
et du Tépékerman, dont la surface plane et faiblement inclinée, correspond exactement à celle du sommet de l'escarpement voisin. Au NE. de
Bakchi-Séraï, le contre-fort nummulitique domine directement celui de
la craie. Le résultat de cette disposition est de faire disparaître presque
entièrement ce terrain qui n'est plus marqué sur la carte à partir de ce
point que par une bande extrêmement mince.

On peut distinguer deux assises dans cette formation. L'inférieure est
compacte, blanche, crayeuse et contient en abondance le *Belemnitella mu-*

cronata, un grand nombre d'*Ostrea* et des *Crania* ; la supérieure, plus ou moins jaunâtre et verdâtre, est moins riche en fossiles ; elle renferme entre autres le *Cerithium maximum* Binkh. de la craie de Ciply.

Les fossiles que j'ai récoltés et qui proviennent en grande majorité d'Inkerman, se rapportent aux espèces suivantes [1] :

Nautilus, sp.	Ostrea Luynesi, Lart.
Belemnitella mucronata, d'Orb.	Ostrea Olisoponensis, Sh.
Cerithium maximum, Binkh.	Crania Ignabergensis, Retz.
Inoceramus Cripsii, Mant.	Crania spinulosa, Nils.
Pecten, sp.	Crania nov. sp.
Janira, sp.	Hemiaster Inkermanensis, P. de Lor.
Ostrea vesicularis, Rœm.	Linthia Favrei, P. de Lor.
Ostrea semiplana, Sow.	Bourgueticrinus, sp.
Ostrea lateralis, Nils.	

L'*Ostrea vesicularis* citée est une variété de cette espèce, parfaitement identique à celle qui accompagne la *Belemnitella mucronata* dans la craie du New-Jersey. Comme l'indique M. Hébert, il résulte de ces déterminations que la craie de la Crimée correspond exactement à celle de Meudon et qu'elle renferme peut-être aussi l'équivalent de celle de Mæstricht et de Ciply [2].

Terrain nummulitique.

Le terrain nummulitique paraît intimement lié en Crimée à la craie supérieure ; la ressemblance des roches, la concordance de ces terrains pouvaient sembler des motifs pour les réunir, à une époque où la question n'était pas encore tranchée d'une manière définitive. Cependant, en 1838, de Verneuil se prononçait déjà pour l'indépendance de

---

[1] Cette liste de fossiles a déjà été donnée par M. Hébert, à l'obligeance de qui j'en dois la détermination. Bull. Soc. géol., 1876, V, p. 100.

[2] M. Coquand vient de publier une note sur la craie de la Crimée dans laquelle il signale un grand nombre de fossiles ; il admet son identité avec celle de l'Aquitaine qu'il parallélise avec la craie blanche du nord de la France. Cet auteur mentionne en même temps une publication récente, et qui m'est encore inconnue, d'un géologue russe, M. Prandel, dans laquelle cet auteur divise la craie en six assises, caractérisées chacune par une nombreuse série d'espèces. On trouvera ces listes de fossiles transcrites dans la note de M. Coquand. Bull. Soc. géol. de France, 1876, V, p. 86.

5. Calcaire glauconieux à nummulites et orbitolites.

4. Poudingues, conglomérats reposant sur la craie, là où les assises inférieures manquent.

3. Calcaire glauconieux et poudingue, avec *Spondylus striatus* Goldf., *Terebratula* sp. *Orbitoides Fortisii*.

2. Marnes grises avec pyrites, petites nummulites et *Ostrea gigantea*. M. d'Archiac a reconnu à ce niveau : *Pecten*, sp., *Valsella lingulæformis, Anomia intustriata, Nummulites spira, contorta, Biaritzana, Orbitoides Fortisii*.

1. Marnes bleuâtres à *Ostrea gigantea*.

Mais les couches 3 et 4 ne se montrent que dans la partie orientale de la Crimée, et les couches 1 et 2 dans la partie occidentale. Il paraît donc plus logique de regarder ces deux groupes comme contemporains et comme des faciès différents de la partie inférieure du même terrain. Ces subdivisions correspondent alors à celles que j'ai reconnues à Bakchi-Séraï. La couche supérieure forme la partie du calcaire nummulitique la plus frappante aux regards ; elle est compacte et elle en couronne l'escarpement. Elle est souvent découpée par les agents atmosphériques et, comme elle repose sur une roche plus tendre et qui se désagrége facilement, les érosions lui donnent les formes les plus bizarres qui ont souvent frappé les voyageurs. Cette roche est du reste identique au calcaire nummulitique des environs de Varna qui en est la continuation directe. Elle présente aussi dans les environs de cette ville des érosions curieuses dont M. Spratt a donné un dessin [1]. Les fossiles qu'on peut citer avec le plus de certitude dans cette formation se rapportent aux espèces suivantes [2] :

Voluta labrella, Lam.	Venericardia multicostata, Lam.
luctator, Sow.	Corbis subpectunculus, d'Orb.
Mitra terebellum, Lam.	Valsella lingulæformis, d'Arch.
Ovula tuberculosa, Dub.	Spondylus asperulatus, Mun t.
Trochus giganteus, Dub.	striatus, Goldf.
Turritella imbricataria, Lam.	Ostrea gigantea, Br.
Cardium gratum, Defr.	Anomia intusstriata, d'Arch.

[1] Quart. Journ., of the geol. Soc., 1857, XIII, p. 75.

[2] De Verneuil, Dubois, Huot, d'Archiac en ont donné des listes plus ou moins complètes.

Terebratula, sp. (aff. *carnea*).	Nummulites Ramondi, Defr.
Serpula spirulæa, Lam.	Biaritzensis, d'Arch.
Amblypygus dilatatus, Ag.	irregularis, Desh.
subcylindricus, Des.	Guettardi, d'Arch.
Echinolampas subcylindricus, Des.	granulosa, d'Arch.
Conoclypeus Duboisi, Ag.	exponens, d'Arch.
conoideus, Ag.	Leymeriei, d'Arch.
Linthia, sp. ind.	spira, Rœm.
Nummulites distans, Desh.	Orbitoides Fortisii, d'Arch.
Tchihatcheffi, d'Arch.	Orbitolites complanata, Lam.
Lucasana, Defr.	

Le terrain nummulitique, si développé dans cette région, se retrouve à l'ouest dans la Turquie d'Europe, et à l'est dans l'Arménie et sur le versant méridional du Caucase. Il ne s'est pas déposé sur le versant septentrional de cette chaîne.

Marne blanche.

Une marne blanche d'une grande épaisseur, d'une texture homogène et compacte, mais pauvre en fossiles, recouvre en retrait le terrain nummulitique et s'étend en pente douce jusqu'au pied de l'escarpement des calcaires miocènes. Elle sort de la mer sur les rives du golfe de Sébastopol et atteint, dans les vallées du Belbek, de la Katcha, de l'Alma et du Boulganak, une largeur considérable par suite de l'érosion des couches tertiaires supérieures; elle diminue beaucoup d'épaisseur aux environs de Simphéropol. La blancheur de ce terrain a pu le faire confondre avec celui de la craie; Huot l'a indiqué en grande partie comme terrain crétacé supérieur, malgré sa superposition évidente et parfaitement normale au calcaire nummulitique, et cette erreur a produit sur sa carte géologique une grande confusion. Cette marne est très pauvre en fossiles. J'y ai recueilli, sur les bords de la baie de Sébastopol, quelques écailles de poissons, des fragments de crinoïdes (*Pentacrinus Inkermanensis*, P. de Lor.) et quelques moules de bivalves peu reconnaissables qui paraissent appartenir à des espèces sarmatiques. Dubois y a reconnu un banc d'huîtres au Cap Fiolente, mais il n'indique pas à quelle espèce elles appartiennent. La rareté des fossiles ne permet pas de fixer d'une manière précise l'âge de ce terrain. C'est avec l'étage méditerranéen du bassin de Vienne que sa position stratigraphique présente le plus d'analogie; mais ni sa roche ni ses fossiles n'ont aucune ressemblance avec ceux de cet étage, et, comme nous savons d'autre part que ses dépôts disparaissent dans le bassin du Danube à l'ouest de Plewna en Boulgarie et ne se retrouvent nulle part ailleurs dans l'Europe orientale, il ne paraît pas probable qu'on puisse les paralléliser avec eux. Ces marnes doivent probablement être classées, avec la couche d'eau douce qui les surmonte, dans la partie inférieure de l'étage sarmatique, dont elles seraient un faciès particulier. Il est difficile, en l'absence d'espèces bien déterminées, d'avancer cette opinion avec certitude, mais elle a cependant en sa faveur une grande vraisemblance. Nous savons, en effet, par les recherches récentes des géologues autrichiens[1], qu'il faut ranger à la base de cet horizon des marnes blanches, puissantes, très développées dans la Croatie et l'Esclavonie, qui ne contiennent que quelques Planorbes et des restes indéterminables de poissons. Elles se retrouvent dans la Gallicie, probablement aussi dans la Sicile, et les recherches de M. Paul[2] ont montré qu'elles sont contemporaines des marnes à insectes de Radoboj en Croatie, que cet auteur attribuait à un âge plus récent. Ce qui pourrait confirmer ce classement, c'est que leur formation en Crimée a coïncidé avec un affaissement du sol dont on peut constater les traces dans la Chersonèse. Les marnes blanches y reposent, en effet, en stratification transgressive sur les terrains secondaires[3] (Pl. I, fig. 7). Or, comme l'a indiqué M. le professeur Suess qui a parfaitement décrit la nature et les caractères de l'étage sarmatique[4], le commence-

---

[1] *Hœrnes*, Ein Beitrag zur Gliederung der österreichischen Neogen-Ablagerungen. Zeitschr. d. d. geol. Ges., 1875, XVII, p. 641.

[2] Verhandl. der k. k. geol. Reichsanst., 1874, p. 225.

[3] Les affleurements de cette marne blanche, sur plusieurs points du pourtour de la Chersonèse, occupent trop peu d'espace pour pouvoir être marqués sur la carte; j'y ai indiqué seulement par places la couche à Hélix qui la recouvre.

[4] Untersuchungen über den Charakter der österreichischen Tertiär-Ablagerungen, II. Die Cerithienschichten. Sitzungsber. der k. k. Acad. der Wiss. Wien, 1866.

ment de cette époque a été marqué par un vaste affaissement dont on reconnaît les traces dans toute l'Europe orientale, le Caucase, l'Arménie et la Perse, et qui a eu pour conséquence une transgression de ce terrain sur les roches plus anciennes. C'est un fait d'une haute importance dans l'histoire de la période tertiaire dans cette partie de l'Europe. Il est donc probable que les marnes blanches de la Crimée sont l'équivalent des assises inférieures de cet étage.

Couche à Helix.

C'est un dépôt constitué par un calcaire marneux, bréchoïde, blanc et jaunâtre n'ayant que deux ou trois mètres de puissance. Il forme partout la base des couches à *Mactra Podolica*; il s'observe sur le pourtour de la Chersonèse et de la baie de Sébastopol à Simphéropol. Des fossiles terrestres et d'eau douce caractérisent cet horizon. Ceux que j'y ai recueillis sont tous des Helix et des Planorbes. J'ai communiqué les premiers à M. Sandberger qui m'a fourni à ce sujet les indications suivantes : La plupart des échantillons sont indéterminables. Parmi ceux qui sont le mieux conservés, il distingue :

> *Helix* du groupe de l'*H. pomatia*. Baie de Pechkana.
> *Helix* nov. sp. du groupe de l'*H. globularis*, Ziegl. Arankoï.
> *Helix* nov. sp. du groupe de l'*H. ovum reguli*. Arankoï.
> *Helix* sp. ind. Nombreux gisements.

Cet auteur remarque l'intérêt qu'il y a à trouver, dans des couches antérieures au terrain sarmatique, des fossiles appartenant au premier de ces groupes qu'on ne connaissait pas encore dans des gisements plus anciens que ceux de l'époque pléistocène.

Les fossiles de ce même horizon, trouvés près du monastère Saint-Georges, à la gorge d'Iphigénie, ont été tous rapportés par M. Baily à de nouvelles espèces :

Helix Duboisii.	Planorbis obesus.
Helix Bestii.	Planorbis cornucopia.
Bulimus Sharmani.	Cyclostoma reticulatum.

J'ai trouvé aussi à Arankoï le *Planorbis cornucopia*.

Tous ces fossiles ne nous donnent pas d'indication certaine sur
l'âge de ce dépôt, et, comme nous sommes aussi dans le doute sur celui
de la marne blanche sur laquelle il repose, ce n'est que sa position inférieure aux couches sarmatiques fossilifères qui nous permet de le fixer
d'une manière un peu plus précise. Cette position est, en effet, semblable
à celle des dépôts qui ont été signalés par divers géologues sur les bords
de la mer de Marmara et auxquels M. Hœrnes a donné le nom de couches de Renckioï[1]; cet auteur les attribue à la partie inférieure de l'étage
sarmatique par lequel elles sont aussi recouvertes; mais elles contiennent dans ce gisement une faune tout à fait différente de celle des couches de la Crimée et dans laquelle dominent les *Melanopsis*. L'analogie
de leur position et l'âge auquel nous avons dit qu'il faut très probablement rapporter la marne blanche, rendent presque certain le classement de ces couches dans ce même terrain.

Étage sarmatique.

Bien que j'aie indiqué, dans les deux paragraphes précédents, la possi-
bilité de rattacher à cet étage les marnes blanches et la couche d'eau
douce qui les surmonte, je ne donne ici ce nom qu'au terrain que je
vais décrire et qui est caractérisé par une faune abondante.

Il est très développé dans la partie méridionale de la Crimée; il forme
le plateau de la Chersonèse et la partie méridionale de la steppe. Ses
couches, presque horizontales, plongent très faiblement ONO.; les rives
de la baie de Sébastopol en donnent une belle coupe (Pl. II, fig. 7);
plus résistantes que celles de la marne blanche, elles se terminent au
sud par un escarpement de hauteur variable dirigé du SO. au NE.
entre Sébastopol et Simphéropol. Elles sont formées d'un calcaire lumachelle, rempli de coquilles brisées, parmi lesquelles abondent surtout
les *Mactra*; certains bancs fournissent une abondante récolte de fossi-

---

[1] Ein Beitrag zur Kenntniss fossiler Binnenfaunen. Sitzungsb. k. Akad. der Wiss. Wien, 1876,
LXXIV.

les; d'autres couches sont formées d'un conglomérat de grains de quartz blanc à peine reliés par un ciment calcaire. Un grand nombre de couches présentent une structure oolitique dans laquelle les oolites varient de grosseur. Ce caractère est assez frappant pour que Huot ait donné à cet horizon le nom de calcaire pisolitique; cependant cette singulière texture, très commune dans la Hongrie, la Styrie et d'autres régions où cet étage est développé, n'est pas due à une véritable oolite; les grains arrondis qui composent la roche sont formés, en majeure partie, de coquilles de foraminifères roulées et agglutinées.

Les couches sarmatiques reposent ordinairement en stratification concordante sur les couches plus anciennes; on trouve partout à leur base la couche d'eau douce et presque partout la marne blanche, bien que celle-ci manque sur quelques points du pourtour de la Chersonèse; à l'extrémité des falaises d'Inkerman, par exemple, elles reposent directement et en discordance de stratification sur la craie supérieure.

Leur dépôt a coïncidé avec de grandes éruptions volcaniques qui ont déjà commencé au moment de la formation de la couche d'eau douce, de sorte qu'on trouve dans certains bancs, aux environs de Sébastopol surtout, une grande abondance de scories de grosseurs diverses, de cendres volcaniques et de grains de glauconie.

La faune de ce terrain se compose des espèces suivantes :

*	Buccinum [1] dissitum, Eichw.	*	Pleurotoma Chersonesus, Baily.
	Doutchinæ, d'Orb.		laqueata, Baily.
*	cf. Daveluinum, d'Orb. [2]		Cerithium Cattleyæ, Baily.
*	Corbianum, d'Orb.		cochleare, Baily.
*	Verneuili, d'Orb.		truncatum, Baily.
*	Jacquemarti, d'Orb.	*	Trochus Podolicus, Dub. *cc.* [3]
*	duplicatum, Sow.	*	Beaumonti, d'Orb.
*	angustatum, Baily.	*	Cordierianus, d'Orb. [4]
	moniliforme, Baily.	*	Blainvillei, d'Orb. *cc.*
*	obesum, Baily.	*	pictus, Eichw.

[1] Les espèces marquées d'un astérisque sont celles que j'ai recueillies moi-même.

[2] Hœrnes réunit ces trois premières espèces au *B. baccatum* Bast.

[3] *cc* indique les fossiles les plus communs.

[4] Les *Trochus Beaumonti* et *Cordierianus* doivent très probablement être réunis au *T. Podolicus*.

* Trochus papilla, Eichw. *cc*
*   Omaliusii, d'Orb.
      Lygonii, Baily.
*   Sutherlandii, Baily.
      pulchellus, Baily.
      Andersoni, Baily.
      Murchisoni, Baily.
      Pageanus, d'Orb.
      Feneonianus, d'Orb.
* Turbo Beaumonti, d'Orb.
*   Chersonensis, Barb.
*   Omaliusii, d'Orb.
      Hœrnesi, d'Orb.

      Tornatella inflexa, Baily.
      minuta, Baily.
* Solen subfragilis, Eichw.
* Mactra Podolica, Eichw. *cc.*
      Cyprina naviculata, Baily.
      Pallasii, Baily.
* Ervilia podolica, Eichw.
* Donax lucida, Eichw.
      Tapes gregaria, Partsch.
* Cardium plicatum, Eichw.
*   obsoletum, Eichw. *cc.*
      Demidoffi, Baily.
      amplum, Baily.

Les fossiles qui caractérisent les couches inférieures de l'étage sarmatique dans le bassin de Vienne, tels que : *Murex sublavatus* Bast., *Cerithium pictum* Bast., *rubiginosum* Eichw., *nodosoplicatum* Hœrn., et qui sont les derniers représentants dans cette faune, de couches marines plus anciennes, ou qui sont communs à cette région et à l'Europe occidentale, manquent complétement en Crimée, comme ils manquent aussi aux dépôts du même âge dans la Dobrudcha et les pays du bas Danube. M. Baily cite, il est vrai, quelques Cérithes provenant de ces couches, mais ils appartiennent à des espèces qui n'ont pas été rencontrées ailleurs et ils sont rares; car il ne s'en trouve pas un seul parmi les nombreux échantillons que j'ai recueillis. C'est là peut-être une nouvelle preuve que la marne blanche et la couche à *Helix* sont les équivalents de la partie inférieure de ce terrain.

La faune de ces couches paraît très homogène, ainsi que la roche qui les constitue; dans la région que j'ai parcourue, je n'ai pas constaté la présence des marnes supérieures à *Mactra* et à *Ervilia* qui ont été observées dans d'autres parties de la Russie méridionale et qui paraissent correspondre aux marnes supérieures de cet étage dans le bassin de Vienne.

Cet horizon se présente dans cette région avec les mêmes caractères que dans une partie de l'Europe orientale. Il paraît surtout, d'après la description qu'en a donnée M. Peters[1] avoir une grande ressemblance avec celui de la Dobrudcha. Cet auteur y reconnaît deux subdivisions, une supérieure, marneuse, qui n'est pas développée dans la région sud-ouest de la péninsule, et une inférieure, calcaire. Celle-ci, formée d'un calcaire oolitique, renferme *Tapes gregaria, Cardium obsoletum, C. plicatum, Trochus Podolicus, T. Beaumonti, T. Hommairei, Buccinum duplicatum,* c'est-à-dire exactement la même faune que j'ai trouvée dans les environs de Sébastopol. La transgression des couches sarmatiques a été aussi constatée dans cette région par le même auteur; elles y recouvrent le calcaire nummulitique et les terrains crétacés ou jurassiques. Je l'ai observée aussi sur le versant méridional du Caucase[2] où les couches sarmatiques, tout à fait indépendantes du terrain nummulitique, reposent sur ce terrain, sur les terrains secondaires et même sur le granit. Mais dans cette région, où elles se déposaient dans des golfes profonds, elles sont formées de grès et de marnes et ne présentent pas la structure oolitique de celles de la Crimée.

Ce sont là les dépôts tertiaires les plus récents que j'ai observés dans la Crimée méridionale. Les couches à Congéries n'y sont pas développées.

Terrains quaternaires et récents.

Huot a signalé aux environs de Simphéropol une argile rouge de sept à dix mètres d'épaisseur dans laquelle ont été trouvés des ossements d'*Elephas primigenius*[3]. Toutefois la plupart des alluvions de la Crimée doivent être rapportés aux alluvions récentes. Je n'y ai reconnu aucune trace d'alluvions anciennes ni de l'ancienne extension des glaciers. Les dépôts des rivières sont peu puissants. Le plus important d'entre eux est celui qui se fait à l'embouchure de la Tchernaïa dans le golfe de Sébastopol qu'elle a déjà comblé sur une longueur de plusieurs kilomètres.

[1] Grundlinien zur Geographie und Geologie der Dobrudcha. Denksch. der k. Akad. der Wiss. Wien, 1867, 2, p. 51.
[2] Recherches géologiques, etc.
[3] Russie méridionale, II, p. 457.

Les eaux calcaires de la Yaïla ont formé et forment encore sur divers points des dépôts assez épais de tuf. Enfin on peut signaler encore parmi les terrains récents quelques grands éboulements qui se sont produits à diverses époques le long de la côte méridionale. Tous ces dépôts sont trop locaux pour avoir pu être indiqués sur la carte.

DESCRIPTION.

BAIE DE SÉBASTOPOL.—Elle occupe une dépression profonde du sol, dirigée de l'est à l'ouest et dont les rives sont peu élevées; elle sépare la steppe qui occupe la plus grande partie de la Crimée, de la presqu'île de la Chersonèse.

Les couches se correspondent d'une rive à l'autre de la baie. La berge de la rive droite est constituée en majeure partie par le calcaire sarmatique qui plonge faiblement à l'ONO., et se relève au SE. sur des terrains plus anciens. On y observe de l'O. à l'E. la série suivante (Pl. II, fig. 7) :

1. Calcaire lumachelle, jaunâtre, pétri de débris de coquilles, reposant sur une roche assez tendre, remplie de scories volcaniques et de taches noires et verdâtres. Ces scories augmentent de quantité dans les couches inférieures; le cap à l'ouest de la batterie où l'on voit une marne jaunâtre alternant avec des bancs calcaires et riche en fossiles, en renferme une grande abondance.

2. La batterie est construite sur un calcaire poreux jaunâtre, peu fossilifère, qui est aussi rempli de scories volcaniques et qui forme la partie occidentale du promontoire.

3. A l'extrémité est de cette même pointe, ce calcaire repose sur une roche blanchâtre, d'apparence oolitique, dans laquelle les oolites varient beaucoup de grosseur; ces couches qui contiennent encore des scories, sont riches en fossiles; elles alternent à leur partie inférieure avec des bancs un peu moins durs et des couches marneuses; les oolites y sont mêlées à des débris de coquilles et liées par un tuf calcaire. Les moules de fossiles y sont très nombreux :

Buccinum Corbianum, d'Orb.	Mactra Podolica, Eichw.
Buccinum Jacquemarti, d'Orb.	Donax lucida, Eichw.
Trochus Podolicus Eichw.	Solen subfragilis, Eichw.
Cardium obsoletum, Eichw.	

Une partie du grand faubourg de Sivernaïa et le cimetière juif ont été établis sur ces assises, tandis que le cimetière russe, qui couronne au loin la falaise, a été construit sur les calcaires n°^s 2 et 1. Après avoir traversé le fond de la baie de Panioto, on arrive à un escarpement dont le haut est occupé par la partie inférieure du terrain précédent et à la base duquel apparaissent de nouvelles couches :

4. Calcaire poreux, mais assez dur et compact, riche en fossiles, alternant avec des bancs marneux moins épais. La roche est un agrégat de débris de coquilles cimentés par un tuf blanchâtre ; certains bancs renferment des grains verdâtres et de petits cailloux ; ils reposent sur un banc épais, dans lequel les fossiles sont abondants et bien conservés :

Buccinum duplicatum, Sow.	Mactra Podolica, Eichw.
Trochus Beaumonti, d'Orb.	Tapes gregaria, Partsch.
Podolicus, Dub.	Cardium obsoletum, Eichw.
pictus, Eichw.	plicatum, Eichw.
Turbo Chersonensis, Barb.	

Ce banc recouvre des marnes sableuses, rouges et jaunes, qui occupent le fond d'une petite baie.

5. Calcaire lumachelle, marneux, un peu oolitique.

6. Calcaire lumachelle, dur, blanc et divisé en grandes dalles. Les fossiles y sont à l'état de moules et empâtés dans une roche formée d'oolites blanches et de débris de coquilles :

Buccinum Verneuili, d'Orb.	Cardium obsoletum, Eichw.
Turbo Beaumonti, d'Orb.	Mactra Podolica, Eichw.
Cardium plicatum, Eichw.	Tapes gregaria, Partsch.

7 et 8. Calcaire lumachelle, jaunâtre, compacte, presque entièrement composé de coquilles bivalves de petites dimensions dont le test a disparu ; l'*Ervilia Podolica* y est très abondant. C'est la fin du calcaire coquillier.

9. Banc sableux, blanc, compacte, finement stratifié et de peu d'épaisseur.

10. Couches blanches, marneuses, bréchoïdes, renfermant beaucoup de fragments irréguliers, anguleux, et des coquilles terrestres ; j'y ai trouvé un grand nombre d'*Helix*.

11. Marne compacte, homogène, jaunâtre à l'intérieur mais devenant très blanche par l'exposition à l'air. Cette roche acquiert dans l'intérieur de la Crimée une grande épaisseur ; elle contient de petits fossiles qui sont malheureusement difficiles à extraire et encore plus à conserver. Ce sont des polypiers, des fragments de crinoïdes (*Pentacrinus Inkermanensis* de Lor.), des écailles de poissons et quelques bivalves. Elle constitue le sol d'une baie et d'une petite vallée dans laquelle sont des masures en

ruines. A l'est de cette baie, elle forme un escarpement à la base duquel apparaît bientôt le terrain nummulitique.

12 et 13. Calcaire et marne nummulitiques, blancs, tendres, contenant beaucoup de nummulites ; ils commencent par un banc de marne blanche au petit cap qui précède le phare d'Inkerman. Une faille locale est venue interrompre la régularité de la disposition de ces terrains et les couches y plongent rapidement au SE. A part cette légère perturbation, la disposition des falaises de la baie de Sébastopol est parfaitement régulière.

On trouve dans l'escarpement que domine le phare (Pl. I, fig. 8) les terrains que je viens d'indiquer ; le phare est construit sur les couches 5-9, dans lesquelles j'ai recueilli le *Tapes gregaria* et le *Mactra Podolica*. Au-dessous la couche à *Helix* est bien développée et surmonte la marne blanche. La route de poste qui va de Sébastopol à Belbek et qui traverse la Tchernaïa près de son embouchure, passe dans le calcaire nummulitique qui se relève peu après vers l'est et constitue la moitié supérieure des collines qui portent le phare suivant. La roche est toute pétrie de nummulites ; l'on y trouve aussi en abondance les *Anomia intustriata, Serpula spirulæa, Orbitoides Fortisii, Orbitolites complanata*. Les couches nummulitiques se prolongent à l'est dans les collines qui dominent Inkerman (Pl. I, fig. 2 et 4). Elles sont séparées des ruines de ce nom par un calcaire grossier, gris (*Nu. i*), appartenant au terrain éocène inférieur et qui repose sur les couches de la craie (*Cs*).

Telle est la série complète des assises tertiaires sur la rive nord du golfe. Les mêmes terrains se retrouvent sur la rive méridionale. Le calcaire coquillier, rempli de scories, se voit sur une grande partie de la côte à l'ouest de Sébastopol ; il forme le sol même de la ville et les escarpements qui entourent le port ; j'y ai recueilli presque toutes les espèces indiquées plus haut (p. 39).

Lorsqu'on côtoie le bord méridional du golfe, on suit encore quelque temps, au delà du fort St-Paul, les bancs du calcaire sarmatique qui se relèvent peu à peu à l'E.; la baie du Carénage est bordée en entier par ce terrain. Puis on voit sortir de l'eau une couche blanchâtre marneuse, assez compacte, remplie d'*Helix*, qui recouvre elle-même les couches blanches du calcaire nummulitique (Pl. I, fig. 3). Celui-ci s'élève bientôt en un escarpement dans lequel sont taillées plusieurs grottes ; c'est une roche compacte homogène, pétrie de nummulites. Ainsi la marne blanche à crinoïdes, qui se voit sur la rive droite de la baie, ne s'est pas déposée en ce point, ou en a été enlevée avant la formation de la couche d'eau douce.

Le terrain nummulitique occupe la rive du golfe jusqu'un peu à l'est de la chaussée de Sébastopol à Belbek où apparaissent les couches de la craie.

Si nous gravissons le long de cette route les collines qui bordent la baie, nous y trouvons (Pl. I, fig. 5) :

1. Calcaire et marne nummulitiques, riches en fossiles.

2. Marne blanche, sableuse, contenant beaucoup de moules de bivalves et surmontée d'une couche tachetée, remplie de petites scories.

3. Couche jaunâtre avec *Helix*.

4. Calcaire siliceux, et couches sablo-calcaires qui fournissent une bonne pierre de construction. Cette dernière subdivision est la base du calcaire sarmatique et contient *Cardium obsoletum, C. plicatum, Mactra Podolica.*

La route le long de laquelle cette coupe est prise passe au-dessus d'un vallon crétacé profond dans lequel sont de grandes carrières et qui est situé en face des cryptes d'Inkerman. A l'est, cette gorge est limitée par un nouvel escarpement de la craie qui correspond au précédent, mais qui n'est plus surmonté par le terrain nummulitique. Les couches sarmatiques le recouvrent sans intermédiaire et en stratification discordante. Ce fait se voit particulièrement bien, quelques centaines de mètres plus à l'est, au dernier contre-fort crétacé qui domine au sud la Tchernaïa (Pl. I, fig. 6). Ainsi au lieu de la succession normale de terrains que présente la rive droite de ce cours d'eau et du golfe de Sébastopol, il y a sur la rive gauche une assez grande irrégularité dans la disposition des assises tertiaires.

CHERSONÈSE. — Cette presqu'île, qui est la continuation directe de la steppe criméenne, est entièrement constituée par les terrains dont le golfe de Sébastopol nous a donné la coupe. C'est un plateau ondulé, de forme triangulaire, limité au nord par le golfe et par la mer, au SO. par la mer, au SE. par les terrains jurassiques et crétacés sur lesquels les terrains néogènes qui le constituent reposent en discordance de stratification. Il est coupé par de profonds ravins qui se dirigent au NO. Les couches en sont un peu sinueuses, et les dénivellations du sol proviennent soit de ces ondulations soit des dénudations. La coupe des assises qui forment ce plateau, prise au monastère de St-Georges, donne de haut en bas la série suivante [1] :

1. Calcaire coquillier, compacte, dur, contenant beaucoup d'empreintes de coquilles à la partie supérieure, ainsi que des grains de quartz qui forment dans certaines couches un véritable conglomérat à grains fins : *Cardium protractum* Eichw., *C. Demidoffii*, etc.

2. Banc de calcaire blanc, oolitique, compacte : *Cerithium truncatum, C. trochleare, Pholas Hommairei.*

---

[1] Le capitaine Cockburn a donné une coupe détaillée de cette falaise. Quart. Journ. London, 1857, XIV, p. 162.

3. Calcaire blanc et jaunâtre, oolitique, coquillier, alternant avec des lits argileux : *Astarte pulchella, Venus minima.*

4. Couche remplie d'*Helix* et d'autres fossiles terrestres et d'eau douce décrits par M. Baily : *Helix Duboisii, H. Bestii, Planorbis obesa, Bulimus Sharmanni, Cyclostoma reticulatum.*

5. Marne blanche.

La falaise entre la gorge d'Iphigénie et le cap Phiolente, porte les traces de nombreuses éruptions que je n'ai malheureusement pas eu le temps d'examiner en détails. Dubois en a décrit les roches sous les noms de porphyre amygdaloïde, porphyre terreux, lave ophitique. Elles forment le soubassement des roches tertiaires. Elles sont en partie antérieures à l'époque néogène, en partie contemporaines de cette époque, comme le prouvent les scories et les cendres volcaniques qui en remplissent les bancs, surtout dans le voisinage du golfe de Sébastopol. Une de ces masses, dont le dessin a été donné par Dubois [1], est formée de prismes disposés concentriquement et produit un bel effet sur le bord de la falaise. La hauteur est d'environ 50 mètres. C'est un porphyre à petits cristaux blancs d'orthoclase disséminés. La pâte est compacte, d'un gris cendré, mate, très fine et formée de grains d'orthoclase et de magnétite, de feuillets de biotite, de colonnettes d'apatite et d'aiguilles d'amphibole.

L'horizon d'eau douce se montre encore sur plusieurs points de la côte de la Chersonèse. On la trouve à Aktiar, au fond de la baie de la Quarantaine, où elle surmonte une grande épaisseur de marne blanche. Je l'ai retrouvée au niveau de la mer à l'entrée de la baie de Pechkana et j'y ai recueilli un très grand nombre d'*Helix* sans aucun mélange d'espèces saumâtres ou marines. Ces faits sont contraires à l'observation faite par Dubois [2] que la couche de cendres et de scories volcaniques ne contient, en face de la pleine mer, que des fossiles marins, tandis qu'en avançant dans l'intérieur des terres, les fossiles mollusques terrestres et d'eau douce y deviennent de plus en plus abondants. Cette couche conserve le même faciès sur le bord de la mer, mais les cendres et les scories se trouvent à divers niveaux dans les terrains tertiaires, soit dans cet horizon, soit dans les couches sarmatiques qui le recouvrent.

Si la marne blanche est puissante sur la rive méridionale et occidentale de la Chersonèse, elle l'est beaucoup moins sur le bord oriental de ce plateau, et je ne suis pas même certain de l'y avoir observée. Elle manque sur la rive gauche de la Tchernaïa, à la hauteur d'Inkerman. En suivant du nord au sud à partir de cette localité, l'escarpement des couches tertiaires supérieures au terrain nummulitique, on les voit repo-

---

[1] Atlas, V⁰ s., pl. 17.
[2] Voyage, VI, p. 124.

ser successivement sur les assises de plus en plus anciennes du terrain crétacé et sur les assises jurassiques (Pl. I, fig. 7). La gorge d'Iphigénie est le seul point où elles soient fortement redressées contre ces dernières. Il y a donc eu, après le dépôt des couches nummulitiques, une vaste transgression des terrains tertiaires plus récents sur les terrains secondaires dans cette partie de la Crimée.

De Sébastopol a Simphéropol. — Après avoir traversé le fond du golfe de Sébastopol sur les alluvions amenées par la Tchernaïa, la route de Belbek entre dans le calcaire nummulitique, puis dans les marnes blanches, et passe enfin sur le calcaire coquillier qui s'étend en un plateau semblable à celui de la Chersonèse et qui est le commencement des grandes steppes de la Crimée. Ce calcaire est profondément entamé par le cours du Belbek ; il se trouve encore au fond de la vallée près du village de ce nom, mais, à 3 ou 4 kilomètres plus à l'est, on voit réapparaître la couche à *Helix* et la marne inférieure que domine, sur la rive droite du fleuve, un escarpement couronné par le calcaire sarmatique. Cet escarpement se prolonge d'une manière régulière jusqu'au delà de Simphéropol. La marne augmente d'épaisseur en avançant à l'est et recouvre une étendue considérable. C'est une roche compacte qui n'est pas feuilletée et qui a une assez grande ressemblance avec celle de la craie moyenne. Les couches en plongent au NO. et recouvrent le calcaire nummulitique.

Les vallées qui se dirigent de la Yaïla à la mer donnent une série de coupes naturelles des formations qui, bien que semblables les unes aux autres sous beaucoup de rapports, présentent cependant entre elles quelques différences. Nous les examinerons de l'ouest à l'est.

Vallée de la Tchernaïa. — Ce cours d'eau est formé de trois affluents dont les deux méridionaux prennent leur source dans la vallée de Baïdar et traversent la zone des calcaires jurassiques ; le troisième, le Chouliou, a un cours longitudinal ; il prend naissance aux environs d'Adim-Chokrak dans le terrain crétacé moyen ; son lit est creusé dans ces couches, dans celles du terrain néocomien et dans les calcaires jurassiques ; il se réunit à Tchorguna aux deux autres affluents qui prennent alors le nom de Tchernaïa.

Le terrain néocomien repose dans toute cette région sur le calcaire jurassique et il se prolonge à l'ouest jusqu'au bord du plateau de la Chersonèse où il disparaît sous les couches tertiaires ; c'est un grès verdâtre, plus ou moins grossier, dans lequel on trouve quelques bancs de conglomérat. Il est recouvert d'une marne calcaire blanche et jaunâtre, renfermant des couches sableuses et qui appartient à la craie moyenne ; les fossiles y sont très rares et conservés à l'état de moules ; la roche est tendre et occupe toujours la place d'une dépression entre les couches néocomiennes et celle de la craie proprement dite. On exploite dans cette roche à Milnie-Kolodzi une terre à foulon de quelques pieds d'épaisseur qui est un savon naturel employé pour les bains à Constantinople. Des gisements de cette même roche ont été observés à Sabli dans la vallée de l'Alma et au pied du Mont Ak-Kaïa près de Karasoubazar [1] ; c'est une marne grisâtre bréchoïde, dans laquelle on trouve beaucoup de moules de coquilles remaniés.

Les couches de la craie se composent de deux horizons (Pl. I, fig. 2, 4 et 6). L'inférieur arrive au fond de la vallée sur la rive droite, un peu avant les ruines d'Inkerman. Il est formé d'un calcaire marneux, compacte, contenant des silex en fragments plus ou moins anguleux et d'assez nombreux fossiles. On l'emploie comme pierre de construction et on y trouve des excavations qui servaient de logements aux anciens habitants de la Crimée. Mais les principales exploitations ont lieu dans l'horizon supérieur, dans lequel sont aussi creusées la plupart des cryptes du flanc droit de la vallée. C'est un calcaire massif à grains fins, en bancs épais, sans silex, rempli de brachiopodes et de bryozoaires. Il fournit une excellente pierre de construction, homogène, facile à tailler et durcissant à l'air. C'est avec elle qu'ont été élevés les monuments, aujourd'hui en partie ruinés, de Sébastopol.

J'ai indiqué plus haut (p. 34) les fossiles que j'y ai recueillis. Ces couches sont recouvertes par un calcaire grossier, rude au toucher, plus ou moins poreux et dont l'épaisseur ne dépasse pas 7 à 8 mètres. Les fossiles signalés p. 33 y sont abondants, mais conservés à l'état de moules ; le plus souvent même les moules ont disparu et on ne trouve plus que des empreintes parmi lesquelles celles des turritelles et des *Corbis* sont les plus nombreuses. Cet étage fait partie du terrain éocène inférieur ; il recouvre un petit plateau où se trouve la ruine d'Inkerman [2], et en arrière duquel se dresse l'escarpement du calcaire à nummulites proprement dit, roche blanchâtre, crayeuse remplie de fossiles.

Vallée du Belbek (Pl. II, fig. 2). — Un des affluents de ce fleuve prend naissance près d'Aï-Todor. Au nord de ce village on voit un rocher isolé, séparé de tous côtés par une profonde érosion, de la falaise de la craie dont il est le prolongement, et dans lequel est taillée la ville crypte de Mangoup-Kalé. La montée qui y conduit se fait sur les talus du terrain crétacé moyen qui sont dominés par l'escarpement de la craie proprement dite. Cette roche présente ici les mêmes caractères qu'à Inkerman et renferme les mêmes fossiles. Elle est creusée et fouillée par de nombreuses cryptes disposées souvent sur plusieurs étages de hauteur. Le défilé de la vallée de Koralès com-

---

[1] Dubois, Voyage, VI, p. 465.

[2] La teinte du terrain nummulitique aurait dû être prolongée sur la carte jusqu'aux ruines d'Inkerman.

mence au delà de Mangoup-Kalé, à Kodja-Sala; les couches de la craie aboutissent au fond de la vallée en amont de Jukar-Koralès et sont recouvertes près de ce village par le calcaire éocène inférieur. Les fossiles y sont, comme à Inkerman, médiocrement conservés. Ce sont:

Natica cf. hybrida, Lam.	Corbis subpectunculus d'Orb.
Natica sp.	Gryphea sp.
? Cardita acuticosta, Desh.	Ostrea rarilamella, Desh.

Ces couches sont dominées par le calcaire nummulitique dont les roches présentent les érosions les plus bizarres. C'est au milieu d'elles que se trouvent le village, les ruines et les cryptes de Tcherkès-Kerman. Ce terrain s'étend jusqu'à quelques kilomètres de Divankoï.

Après avoir parcouru les calcaires et les schistes argileux du versant nord de la Yaïla, le Belbek proprement dit, traverse à Foti-Sala la zone néocomienne. Elle s'est séparée à Koloulouz des calcaires jurassiques supérieurs et elle repose en discordance de stratification sur les schistes argileux, disposition qu'elle conserve jusqu'à Simphéropol. Les couches en sont peu inclinées et plongent N.40°O. Elles commencent par des calcaires et des grès qui contiennent beaucoup de cailloux de quartz blanc; ils sont recouverts de grès et de marnes rouges et verdâtres. Ce conglomérat se retrouve au-dessus d'Aïrgoul et à l'est de Kermenchik où il prend une assez grande épaisseur.

Le ruisseau d'Otarchik est à la limite du terrain néocomien et des marnes du terrain crétacé moyen. La vallée de Sivren, par laquelle s'écoule le Belbek, est constituée comme celle de Koralès.

Vallée de la Katcha (Pl. II, fig. 3 et 5). — Les couches du terrain jurassique inférieur plongent alternativement au S. E. et au NO. et disparaissent, au nord de Bia-Sala, sous le terrain néocomien dont l'escarpement est traversé par la Katcha dans une gorge profonde. Ce terrain est composé de grès puissants de couleur rougeâtre, alternant avec des marnes sableuses, et contenant beaucoup de fossiles dont un grand nombre sont des espèces nouvelles (p. 28). Au-dessus se trouve un calcaire marneux, feuilleté, bleuâtre, plongeant faiblement au NO. et qui appartient à la craie moyenne; il est surmonté d'une marne blanche qui occupe ici une grande étendue; elle est feuilletée, homogène, compacte, à grains fins, et renferme, surtout dans sa partie inférieure, des lits verdâtres, tandis que sa partie supérieure prend une teinte plus jaune, et alterne avec des grès. Elle forme la base du Mont Tépékerman, qui s'élève sur la droite de la vallée.

Cette montagne donne la coupe complète du terrain crétacé supérieur et domine au loin la région environnante. Elle a l'apparence d'un cône à pourtour arrondi, à pentes assez rapides, tronqué au sommet et de 200[m] environ de hauteur au-dessus de la vallée. La partie supérieure en est constituée par les couches de la craie blanche qui contiennent les mêmes fossiles qu'à Inkerman. Elles se composent d'un horizon inférieur, dont l'épaisseur est d'environ 20[m], d'une craie un peu jaunâtre ou verdâtre dans laquelle on trouve beaucoup d'huîtres et de *Pecten*, et d'un horizon supérieur dont la roche est remplie de petits fossiles, bryozoaires, polypiers, piquants d'oursins. Un grand nombre de cryptes sont creusées dans ces deux horizons ; le banc supérieur est excavé de toutes parts. La coupe du Tépékerman correspond à celle du contre-fort crayeux qui s'étend un peu plus à l'ouest. La Katcha le traverse dans une gorge resserrée et coule au delà de Katchi-Kalen, dans les calcaires de la craie, puis dans le calcaire nummulitique. Celui-ci commence par un banc marneux jaunâtre rempli d'*Ostrea gigantea*.

Par suite de la désagrégation des roches dont le calcaire nummulitique offre de si curieux exemples en Crimée, on trouve près de Mustaphabey [1] une colonne naturelle, de ce terrain, de 7[m] de haut, exactement semblable à celles des environs de Varna figurées par M. Spratt.

Au calcaire nummulitique succèdent les marnes blanches, parcourues par la route de Bakchi-Séraï et qui vont plonger au NO. sous l'escarpement du tertiaire supérieur. Elles sont surmontées par le calcaire à *Helix*, recouvert par les couches sarmatiques qui ont, comme à Sébastopol, une structure oolitique.

Si, au lieu de descendre la vallée de la Katcha, on se dirige du Tépékerman vers Bakchi-Séraï, on gravit au nord de cette montagne le contre-fort crétacé et l'on trouve, un peu en retrait du sommet de l'escarpement, un calcaire blanc qui forme soit la couche la plus élevée des terrains crétacés, soit la base du terrain tertiaire (Pl. II, fig. 6, *c*); plus en retrait encore, apparaît le terrain nummulitique qui commence par la marne blanche à *Ostrea gigantea*. La ville ancienne de Tchoufout-Kalé est élevée sur le calcaire (*Cs, c*), tandis que la ville crypte qui porte le même nom se trouve dans les assises inférieures *a* et *b*. On descend de cette ville à Bakchi-Séraï en les traversant. L'ancienne capitale de la Crimée est construite sur les couches de la craie et elle est au fond d'un vallon étroit dont les parois augmentent constamment de hauteur vers le SE. Elle est dominée par le terrain nummulitique dans lequel on observe la succession suivante :

1. Marne jaunâtre, blanchissant à l'air, renfermant beaucoup d'*Ostrea gigantea*.

2. Calcaire nummulitique marneux, assez compacte, formant un escarpement.

3. Marne puissante, renfermant des rognons pyriteux ; les *Ostrea gigantea* y sont

---

[1] Dubois, VI, p. 297, Atl. pl. XIV, fig. 4.

plus rares ; mais on y trouve beaucoup d'autres fossiles, *Nummulites, Serpula spirulæa, Pecten*, spondyles, gastéropodes.

4. Calcaire blanchâtre, compacte, découpé par les agents atmosphériques en formes bizarres, pétri de nummulites.

Ce sont les couches supérieures qui renferment le plus de fossiles. Les nummulites y sont excessivement abondantes. Les autres fossiles y sont plus rares et leur conservation laisse à désirer. Ce sont :

Cancer sp.	Spondylus cf. Eichwaldi Fuchs.
Trochus sp.	Ostrea latissima, Desh.
Teredo sp.	rarilamella, Desh.
Cardium sp.	Anomia intusstriata, d'Orb.
Pecten cf. corneus, Sow.	Serpula spirulæa, Lam.
Pecten sp. ind.	

plus les oursins, les nummulites et les orbitolites que j'ai indiqués dans le tableau général des fossiles de ce terrain (p. 34).

Vallée de l'Alma. — Les terrains crétacés et tertiaires inférieurs, occupent ici une moins grande étendue. Ils sont en effet dans le voisinage de la région où le soulèvement a été le plus fort et où les couches sont le plus redressées. La zone de la craie moyenne se rétrécit beaucoup. Les escarpements de la craie et du terrain nummulitique, distincts au SO., n'en forment plus qu'un seul, dans lequel les couches plongent assez rapidement sous la marne blanche tertiaire.

Dans la vallée de la Badrak (Pl. I, fig. 11), un des principaux affluents de l'Alma, une éruption de mélaphyre se trouve précisément là où le terrain néocomien est en contact avec le schiste argileux. Cette roche est tout à fait semblable à celle qui se montre à Karagatch et que j'ai déjà décrite (p. 22) Dubois de Montpéreux [1] a figuré la manière dont ce mélaphyre a pénétré la roche néocomienne : un peu au sud de ce point, on voit à Mangouch trois îlots de grès néocomien reposant en couches presque horizontales, sur les couches très contournées du schiste argileux. Ce ne sont pas seulement des érosions, mais bien de vraies dislocations qui les ont séparés les uns des autres, car ils se trouvent à des hauteurs assez différentes ; et leurs couches qui présentent la même succession, ne sont pas sur le prolongement direct les unes des autres. Le village même de Mangouch est en partie sur le schiste argileux, en partie sur le néocomien et la craie moyenne qui forme une colline dominant le village au NO.

Des nombreuses éruptions se sont fait jour dans la vallée même de l'Alma. Plusieurs se trouvent aux environs de Bechtev dans le schiste argileux. Je ne les ai pas vues, elles

---

[1] Voyage, VI, p. 359. Atlas, Ve s., pl. 13.

ont été indiquées sous le nom de diorite à grain fin ; deux masses éruptives que j'ai décrites plus haut sont au contact du schiste argileux et du terrain néocomien à Karagatch et Orta-Sabla (Pl. I, fig. 9, 10). Le terrain néocomien de Karagatch est très riche en fossiles. Dubois y signale : *Nautilus radiatus Pleuromya plicata, Ostrea Couloni, Terebratula biplicata, T. diphya (janitor* Pict.*), T. vicinalis, Discoidea macropyga, Cidaris clunifera, C. vesiculosa*. Je n'ai pas vu ces fossiles auxquels leur association avec le *T. janitor* donne une grande importance. Ainsi que je l'ai déjà dit, les quelques ammonites qui ont été trouvées avec cette espèce m'ont paru appartenir à des types nouveaux. Les assises fossilifères sont recouvertes d'un grès tendre, puis de bancs schisteux et surmontées par la même couche de terre à foulon qu'on trouve dans la vallée de la Tchernaïa.

La roche néocomienne forme, sur la rive droite de l'Alma, une colline comprise entre deux ravins ; ses couches plongent au NO. ; elles sont composées de calcaire roux, de grès et de marnes sableuses. Elles se prolongent au NE., recouvrant les schistes argileux et sont bordées par la Sabla. Elles reposent un peu avant Orta-Sabla sur une roche éruptive qui les a soulevées et dont la masse assez considérable est désagrégée et découpée par de grands ravins. Les couches de la craie moyenne, de la craie blanche, du terrain nummulitique et de la marne blanche, succèdent régulièrement à ce terrain.

Vallée du Salghir. — La coupe de cette vallée est différente de celles des vallées précédentes. Le terrain nummulitique a encore conservé sa disposition normale ; il borde les deux rives du fleuve formant un escarpement qui devient de plus en plus élevé en avançant vers le SE. On y trouve les mêmes nummulites que j'ai déjà indiquées antérieurement et l'*Ostrea gigantea*. De Verneuil et Dubois y ont indiqué aussi *Nautilus* sp., *Ovula tuberculosa* Ducl., *Trochus* sp. *Conoclypeus conoideus* Ag., *C. Duboisi* Ag. Les couches crétacées, bien développées encore à quelques kilomètres au SO. du Salghir, diminuent beaucoup d'importance aux environs de Simphéropol et leur relief n'est presque plus accentué à la surface du sol. Elles reposent là, avec une faible inclinaison au NNO., sur les têtes de couches d'un poudingue en couches presque verticales. Cette superposition se voit déjà à Kourtzi ou Kourcha où ce poudingue fait son apparition. Il semble même que les roches crétacées disparaissent complétement sur la rive droite du Salghir pour reparaître seulement plus à l'est. En suivant le cours d'un affluent du Salghir de Mamak à Chokourcha, j'ai vu le terrain nummulitique reposer directement et en stratification discordante sur les têtes de couches du conglomérat. De Verneuil a fait la même observation. Dubois indique au contraire en ce point le terrain crétacé sous le nummulitique. Quoi qu'il en soit, la craie reprend une grande importance plus à l'est. Le terrain néocomien disparaît, au contraire, entièrement aux environs de Simphéropol.

Cette ville est construite sur les marnes blanches tertiaires au nord des pentes nummulitiques (Pl. II, fig. 4) ; l'escarpement des couches tertiaires récentes qui recouvre ces marnes au NO. m'a donné la coupe suivante :

1. Calcaire jaunâtre rempli d'*Helix*.

2. Conglomérat de petits cailloux de quartz, désagrégés, semblable à celui qu'on trouve dans le golfe de Sébastopol et au monastère St-Georges.

3. Calcaire oolitique, grossier, de texture irrégulière, renfermant beaucoup de débris de coquilles et plus rarement des coquilles entières, *Mactra Podolica*, etc.

La route de Simphéropol à Karasoubazar traverse les alluvions du Salghir, puis elle suit le calcaire nummulitique qui s'avance très près du village de Bakchili et s'étend jusqu'au Chouiounchou. Les marnes blanches qui surmontent ce terrain forment l'escarpement qui domine au nord Bakchili et Abdal, puis elles diminuent de plus en plus vers le NE. J'ai pris la coupe suivante près du premier de ces villages :

1. Calcaire nummulitique.

2. Marne blanche peu puissante.

3. Calcaire blanc et jaunâtre avec *Helix*.

4. Conglomérat quartzeux.

5. Calcaire oolitique avec petits cailloux roulés et fossiles sarmatiques.

6. Calcaire jaunâtre et conglomérat quartzeux.

7. Banc de grès et calcaire compacte.

Les couches 4 à 7 constituent le sol de la steppe et appartiennent au terrain sarmatique.

CONCLUSION

A la fin de l'époque jurassique, le sol de la Crimée subit des mouvements considérables qui produisirent le soulèvement de la chaîne calcaire et auxquels succéda le dépôt du terrain crétacé inférieur. C'est là un des traits les plus caractéristiques de la stratigraphie de la presqu'île. Il existe en effet un contraste frappant entre les deux régions qui sont séparées du SO. au NE. par le contre-fort néocomien; d'un côté des formations à peine soulevées, faiblement redressées vers le sud, se recouvrant sans autre accident que les érosions qui ont découpé le sol; de l'autre des escarpements abrupts, des couches très contournées, pénétrées de toutes parts par des roches éruptives.

Les couches des terrains crétacés se succèdent d'une manière parfaitement régulière et sont disposées en retrait les unes sur les autres; de petites vallées longitudinales se trouvent souvent à la limite des divers étages et aboutissent aux grandes vallées transversales de l'Alma, de la Katcha, du Belbek, mais il n'existe entre la formation néocomienne et les assises crétacées qui lui sont superposées, aucune faille, aucune dislocation des couches. C'est à l'érosion qu'il faut attribuer la formation de la grande falaise de la craie qui s'étend des environs de Sébastopol à Simphéropol, sans autres interruptions que celles dues aux fleuves qui la traversent dans des cluses étroites.

Huot admet dans cette partie de la Crimée la présence de deux systèmes de failles: 1° failles parallèles à la direction des couches et dont les principales seraient celle qui existe entre le terrain néocomien et les deux autres étages du terrain crétacé, et, dans le terrain tertiaire, de l'embouchure du Belbek à Simphéropol; 2° failles perpendiculaires à la direction des couches et qui sont devenues plus tard des vallées servant de lits à une vingtaine de petites rivières, Tchernaïa, Belbek, Katcha, Alma, Salghir, etc. [1]; de sorte que le sol, qui est cependant si régulièrement disposé en gradins, aurait été découpé comme la surface d'un échiquier dans deux directions perpendiculaires.

La confusion faite par cet auteur entre les marnes de la craie moyenne et la marne blanche tertiaire, supérieure au terrain nummulitique, a du reste amené les plus grandes erreurs dans la carte géologique qu'il a donnée et dans l'idée qu'il pouvait se faire de la structure en réalité si simple de ce pays.

Je n'ai trouvé nulle part les traces de ces nombreuses failles; les lambeaux néocomiens de Mangouch, étagés à diverses hauteurs sur les schistes argileux sont les dénivellations les plus considérables qu'on puisse constater dans cette région et elles ne dépassent pas quelques mètres. La régularité des dépôts, les ondulations mêmes de la zone crétacée qui s'infléchit vers le nord à l'entrée de chaque cluse, les récifs isolés de la chaîne principale, tels que le Tépékerman, prouvent avec la dernière évidence, qu'il n'y a pas eu là de dislocations. Cette montagne n'a point non plus été soulevée de toutes pièces par des forces éruptives [2], mais elle est un témoin d'anciennes dénudations. Les dépôts tertiaires succèdent aux dépôts crétacés avec la même régularité; aucune oscillation violente du sol, aucun bouleversement ne s'est produit pendant ou après leur formation; la transgression des terrains tertiaires supérieurs dans la Chersonèse est la seule anomalie un peu notable qu'on puisse constater.

Il n'est pas possible de reconnaître jusqu'où s'étendaient au sud les terrains crétacés et tertiaires. L'épaisseur des roches le long de leur limite actuelle, leur nature même, les quelques lambeaux de terrain néocomien qu'on voit à Mangouch et près d'Orta-Sabla, démontrent clairement que cette limite ne coïncide pas avec leur ancien rivage et qu'ils doivent s'être prolongés bien au delà. Toutefois ces lambeaux sont très

<hr>

[1] Russie méridionale, II, p. 418, 424, 540, 541.
[2] Huot, Russie méridionale, II, p. 541.

rapprochés de la zone néocomienne et sont la seule trace qui subsiste d'une extension plus grande des terrains crétacés. Les rochers isolés de Mangoup-Kalé et du Tépékerman sont aussi des témoins de l'ancienne extension de la craie blanche. Ces contre-forts sont les résultats des érosions. Le sol formé d'alternances successives de roches dures et tendres est en effet particulièrement propice à ce genre de phénomènes.

L'épaisseur des sédiments des terrains jurassiques inférieur et moyen, l'abondance des grès et des conglomérats, la présence de bancs de lignite et de nombreux restes de plantes terrestres, donnent à ce terrain un caractère littoral nettement accusé. Le fait que la plupart de ces dépôts se voient seulement sur le versant méridional de la chaîne et que les schistes argileux du versant nord en sont presque dépourvus, indique que c'est au sud de la Crimée actuelle que se trouvait le continent qui servait de rivage à la mer de cette époque. Ce terrain se retrouve avec les mêmes caractères dans le Caucase. Dubois a placé la première apparition de cette chaîne à la fin de la période jurassique, regardant le granit comme l'agent du soulèvement. Toutefois, j'ai remarqué ailleurs qu'au début de cette période, il existait déjà sur cet emplacement une île allongée autour de laquelle se déposaient les sédiments. Cette chaîne est dirigée du NO. au SE. ; son axe correspond à celui de la longue région granitique qui s'étend des marais de Pinsk, à travers le Dnieper et les embouchures du Don, au NO., une partie de la chaîne de l'Alaghez et la Perse au SE. [1]. La dépression qui se trouve en Russie au SO. de la zone granitique et qui est sillonnée par le Dniester et le Bogh, est la suite des plaines de la Colchide et de la Géorgie; la liaison de ces plaines se faisait le long de la côte orientale de la mer Noire, à travers les presqu'îles de Kertsch et de Taman, l'extrémité est de la Crimée et la mer d'Azof. La chaîne taurique se trouve ainsi reliée au versant sud du Caucase et elle faisait partie du même bassin que les montagnes de l'Arménie. Ses dé-

---

[1] Bull. Soc. géol. de France, 1837, VIII, p. 373.

pôts ont donc appartenu, dès une époque ancienne, à une région distincte du versant nord du Caucase et nous trouvons dans ce fait l'explication des grandes différences que présentent ces deux régions. Nous venons de voir en effet l'indépendance complète qui existe en Crimée entre le terrain néocomien et le terrain jurassique, tandis que, sur le versant nord du Caucase, les terrains crétacés ont succédé régulièrement et en concordance de stratification au terrain jurassique; sur le versant sud de cette chaîne, le néocomien repose tantôt sur le granit, tantôt sur le terrain jurassique inférieur, et la coupe de l'Okriba et du Letchgoum[1] rappelle d'une manière frappante celle du versant nord de la chaîne taurique.

Le soulèvement qui a eu lieu à la fin de l'époque jurassique a déjeté vers le nord les sédiments déjà déposés et n'a pas affecté le terrain néocomien. La même discordance s'observe en Arménie. La nature des dépôts du terrain jurassique supérieur dans la Crimée, celle du terrain crétacé moyen, le développement du terrain nummulitique, son absence complète au nord du Caucase, sont autant de caractères qui distinguent la péninsule de cette dernière région et qui la relient au contraire étroitement au versant sud du Caucase et à l'Arménie d'une part, aux montagnes de la Turquie d'Europe, de l'autre.

L'analogie de la chaîne taurique avec le Balkan est particulièrement frappante. « Le Balkan, dit M. de Hochstetter, n'est pas une chaîne de montagnes proprement dite..; il est beaucoup plutôt, comme l'Erzgebirge, une montagne avec une pente abrupte d'un seul côté, qui s'abaisse peu à peu au nord vers le Danube, soit par une plaine doucement inclinée, soit par des plateaux plus ou moins nettement étagés en gradins[2]. » D'après les recherches de cet éminent géologue, c'est la crête du plateau supérieur qui forme le sommet du Balkan et la pente est très brusque du côté du sud. Cette chute rapide est due à une grande faille qu'on peut suivre du cap Emineh au bord de la mer Noire,

---

[1] Favre, Recherches géologiques dans le Caucase, p. 28, f. 16, pl. I, f. 1, 2.
[2] Geol. Verhältn. der europ. Turkei. Jahrb. k.k. geol. Reichsanst. 1870, t. XX, p. 399.

jusqu'aux environs de Pirot et qui a eu pour résultat l'affaissement de toute la région située au sud de cette ligne, entre le Balkan et le Rhodope. Cette dislocation date probablement de l'époque tertiaire.

Or cette faille, continuée en ligne droite, correspond exactement au rivage méridional de la Crimée, au sud duquel la mer atteint subitement une très grande profondeur. La nature du relief sous-marin entre les régions confirme ce rapprochement. En effet, des bouches du Don à une ligne dirigée du cap Emineh au cap Saritsch, la mer n'a presque pas de profondeur et son fond, parfaitement uni, s'étend à 70 et 80 mètres au-dessous de la surface par une pente douce et régulière. C'est une partie de la steppe affaissée sous le niveau de la mer. A partir de la ligne indiquée, la profondeur augmente presque subitement jusqu'à 1000 et 1800 mètres. Cette vaste dépression paraît donc être l'équivalent de la région qui forme, au sud du Balkan, les bassins de la Maritza et du Kara-Sou et qui est occupée par de grands massifs de gneiss, de granit et de micaschistes. Ainsi la partie méridionale de la péninsule est le reste du versant septentrional d'une chaîne qui se trouvait à la place où sont aujourd'hui les profondeurs de la mer Noire[1]. A quelle époque s'est produit le grand affaissement qui l'a fait disparaître? Elle subsistait probablement encore à la fin de l'époque jurassique et elle a pris part au soulèvement de cette chaîne. A voir, en effet, la disposition des schistes argileux de la côte méridionale, la manière dont ils ont été froissés, plissés de toute manière, tout en conservant presque toujours les têtes de couches tournées vers le sud, tandis que, sur le versant nord de la chaîne calcaire, ces plis sont beaucoup moins considérables, on comprend qu'un rempart puissant devait exister alors au sud de la Crimée et que ce rempart n'a disparu qu'après le soulèvement de cette chaîne. Mais il est probable que l'affaissement de cette région est encore plus récent et

---

[1] Dès la fin du siècle dernier, Pallas émettait déjà cette hypothèse : « On est tenté, dit-il, de supposer de deux choses, l'une : ou que le noyau principal de cette chaîne de montagnes s'est affaissé dans l'abîme de la mer ou que toute cette masse de couches a été soulevée au-dessus des eaux par une force immense agissant à une très grande profondeur. » Voyage, II, p. 583. Les causes indiquées par l'éminent voyageur ont agi toutes deux pour donner à la Crimée son relief actuel.

qu'il est contemporain de celui de la partie méridionale du Balkan que M. de Hochstetter rapporte à l'époque miocène.

Les nombreuses éruptions qui ont eu lieu le long de cette ligne de fracture prouvent du reste qu'elle existait longtemps avant que l'affaissement se soit produit. Contrairement à l'opinion de Dubois et de Huot, l'apparition de ces roches n'a eu aucune influence sur le soulèvement de la Crimée et ce n'est pas à elles qu'il faut l'attribuer. Les perturbations qu'elles ont causées n'ont agi que dans leur voisinage immédiat.

Ce soulèvement est dû à un mouvement continental qui a agi avec une grande régularité. Le Tchatir-Dagh, qui se trouve à peu près au milieu de la longueur de la Yaïla, forme la ligne de partage des eaux du versant nord de la chaîne, ligne qui se prolonge de là au nord vers l'isthme de Pérécop, en passant entre les vallées de l'Alma et du Salghir. Elle atteint 539^m au sommet du crêt nummulitique au S. de Yamourcha, s'abaisse à 285^m dans la marne blanche près de Bodana et s'élève de nouveau pour atteindre le crêt sarmatique et le niveau de la steppe. A l'est de cette ligne, le Salghir qui se déverse dans la mer d'Azof passe dans la marne blanche près de Simphéropol à 230^m. A l'ouest, le niveau des vallées s'abaisse régulièrement dans le même terrain en approchant de la côte occidentale ; le cours de l'Alma est à 155^m, celui de la Katcha à 101^m, celui du Belbek à 46^m, celui de la Tchernaïa à 0^m, dans le golfe de Sébastopol.

Les intéressantes observations faites par M. Suess [1] sur la structure unilatérale des chaînes de montagnes s'appliquent particulièrement bien au Caucase. L'axe de la chaîne forme la limite de deux régions bien distinctes : 1° une région septentrionale qui a été peu bouleversée et qui, liée à la Russie continentale, n'a subi depuis le commencement de l'époque jurassique que des oscillations lentes du sol et un exhaussement final ; 2° une région méridionale qui a été soumise à des perturbations considérables dont une des principales a eu lieu à la fin de la période jurassique. L'Arménie, le bassin de la mer Noire, la Turquie d'Europe

---

[1] Die Entstehung der Alpen, 1875.

font partie de la même région. Ce vaste pays a été découpé par de grandes failles dont les principales sont dirigées EENE. ou OSO. Il a été pénétré de toutes parts et à diverses époques, par des roches éruptives. Il est caractérisé par des affaissements de grandes étendues telles que celles de la Boulgarie, de la mer Noire, et celles du versant méridional du Caucase [1]. Des observations faites récemment avec le pendule sont venues encore confirmer la grande différence qui existe entre les deux versants de cette chaîne. Tandis que cet instrument indique sur le versant nord une forte déviation, il n'en accuse aucune sur le versant méridional, fait qui prouve d'une manière certaine qu'il existe au-dessous du sol de cette région de grands vides qui compensent l'attraction exercée par les montagnes.

[1] Favre, *loc. cit.*, p. 106.

DESCRIPTION DES ÉCHINODERMES

PAR

P. DE LORIOL

Parmi les fossiles que M. E. Favre a rapportés, en assez grand nombre, de son voyage en Crimée, et que, j'espère, il fera connaître plus tard, il s'est trouvé un certain nombre d'Échinodermes.

M. Favre a bien voulu me les communiquer, en m'engageant à les décrire.

J'ai reconnu neuf espèces bien déterminables, savoir :

1° Dans le terrain néocomien :

Holectypus Sinzovi, P. de L., décrit ci-dessous.
Psammechinus Trautscholdi, P. de L., décrit ci-dessous.
Collyrites ovulum, d'Orbigny, décrit ci-dessous.
Toxaster ricordeanus, Cotteau, décrit ci-dessous.
? *Pseudocidaris clunifera* (Ag.), P. de L. Un radiole, trouvé avec les espèces précédentes, ayant exactement la forme des radioles de l'espèce, toutefois l'ornementation et le bouton ayant disparu, la détermination n'est pas certaine.

2° Dans la craie supérieure :

Hemiaster inkermanensis, P. de L., décrit ci-dessous.
Linthia Favrei, P. de L., décrit ci-dessous.

3° Dans le terrain nummulitique :

Conoclypeus subcylindricus (Ag.). Deux exemplaires bien caractérisés de cette espèce facile à reconnaître.
Echinolampas subcylindricus, Desor, décrit ci-dessous.
? *Linthia subglobosa* (Lamk.), Desor. Un exemplaire mal conservé, mais ayant les profonds ambulacres de l'espèce ; quoique fort probable, cette détermination est cependant encore douteuse.

4° Dans les marnes blanches rapportées au terrain miocène :

Pentacrinus inkermanensis, P. de L., décrit ci-dessous.

Ces espèces intéressantes, fruit d'un voyage rapide, forment une addition précieuse aux faunes échinologiques des terrains auxquels elles appartiennent. Elles sont un échantillon de ce que pourraient faire connaître les divers gisements fossilifères de la Crimée, s'ils étaient explorés à fond, et pendant longtemps, par un géologue habitant la contrée.

PSAMMECHINUS TRAUTSCHOLDI, P. de Loriol, 1877.

(Pl. IV, fig. 2.)

DIMENSIONS.

Diamètre . . . . 36 mm.
Hauteur par rapport au diamètre 0,64

Forme arrondie, subhémisphérique, régulièrement bombée en-dessus.

Zones porifères étroites, rectilignes. Pores très-petits, disposés par triples paires obliques très serrées. Les petits arcs de trois paires sont relativement très transverses, mais très courts, à cause de la petitesse des pores; ils sont séparés par une ou deux lignes de petits granules.

Aires ambulacraires étroites, à peu près aussi larges que la moitié des aires interambulacraires; dans le moule, un sillon médian assez profond marque la ligne suturale.

Aires interambulacraires marquées aussi dans le moule par un sillon médian, mais moins profond; les plaques coronales sont étroites.

Tubercules lisses et imperforés, très petits, plus petits relativement que dans toutes les autres espèces. Ils sont disposés en séries irrégulières, dont on compte six, à l'ambitus, dans les aires ambulacraires, et au moins seize dans les aires interambulacraires. Tous ces tubercules me paraissent égaux, je ne puis distinguer des rangées principales et des rangées secondaires. Granules miliaires grossiers, nombreux, serrés, couvrant toute la surface du test et formant une granulation dense et presque homogène, au milieu de laquelle ce n'est qu'avec peine que l'on réussit à distinguer les tubercules. Vers le milieu des aires, à la face supérieure, les granules paraissent moins serrés.

Je ne connais ni l'appareil apicial ni le péristome.

Test épais et solide.

Rapports et différences. Malheureusement M. Favre n'a rapporté qu'un seul exemplaire incomplètement conservé de cette intéressante espèce, aussi quelques détails peuvent-ils m'avoir échappé, mais elle diffère totalement de toutes celles qui sont venues jusqu'ici à ma connaissance. Elle se rattache bien au genre *Psammechinus* par ses tubercules lisses et imperforés et par ses pores disposés par petits arcs transverses de trois paires, mais elle s'éloigne des espèces connues par la petitesse relative de ses pores, par le peu de volume de ses tubercules qui sont à peine distincts des granules, et par l'épaisseur de son test. Dans le *Ps. monilis* les tubercules sont peu distincts aussi de la granulation, ils sont encore moins apparents dans le *Ps. Trautscholdi.*

La convenance d'établir pour cette espèce une coupe nouvelle pourrait peut-être fort bien se démontrer par l'étude d'une série de bons exemplaires; pour le moment je ne puis que la rattacher aux *Psammechinus*, sans même savoir si la structure de son péristome ne devrait pas la faire ranger dans les *Stomechinus.*

Localité. Orta-Sabla. Néocomien.

Explication des figures.

Pl. IV. Fig. 2, 2 a. *Psammechinus Trautscholdi*, P. de Loriol, de grandeur naturelle. Fig. 2 b, fragment grossi montrant une portion d'une aire ambulacraire avec une zone porifère; les granules pourraient être un peu plus forts.

HOLECTYPUS SINZOVI, P. de Loriol, 1877.

(Pl. IV, fig. 1.)

DIMENSIONS.

Diamètre . . . . 29 mm.
Hauteur par rapport au diamètre 0,52

Forme hémisphérique, très régulièrement et uniformément bombée à la face supérieure, très arrondie et épaisse au pourtour, plane, et même légèrement convexe, à la face inférieure.

Zones porifères très étroites, à fleur du test, composées de pores très petits.

Aires ambulacraires nullement renflées; leur largeur à l'ambitus est un peu inférieure à la moitié de la largeur des aires interambulacraires. Elles portent, à la face supérieure, quatre rangées seulement de tubercules fort petits, très peu apparents, très écartés; à l'ambitus on compte environ six rangées, mais elles deviennent fort irrégulières; à la face inférieure les tubercules sont un peu plus volumineux et plus serrés.

Aires interambulacraires larges; elles ont à l'ambitus quatorze à seize rangées peu régulières de petits tubercules semblables à ceux des aires ambulacraires et, comme eux, plus apparents et plus serrés à la face inférieure.

Granules miliaires relativement grossiers, disposés à la face supérieure en filets transverses très réguliers, élevés, très apparents à l'œil nu, dans lesquels les tubercules sont comme noyés. Près de l'ambitus les filets se rapprochent, les granules se serrent, finissent par se toucher, et il en résulte une granulation très dense et parfaitement homogène, qui paraît se maintenir à la face inférieure.

Péristome un peu enfoncé, relativement petit, car son diamètre ne dépasse pas 0,30 du diamètre de l'oursin.

Périprocte ovale allongé, occupant à peu près toute la distance qui sépare le péristome du pourtour, sans entailler aucunement ce dernier.

Rapports et différences. L'*Hol. Sinzovi* se distingue facilement de l'*Hol. macropygus*, Ag. et de l'*Hol. neocomiensis*, Gras, par sa forme très régulièrement hémisphérique, son pourtour bien plus épais et plus arrondi, sa face inférieure convexe, ses très petits tubercules et l'arrangement très particulier de ses granules miliaires. Il est plus voisin de l'*Hol. crassus*, Cotteau, de l'étage cénomanien, mais il est plus surbaissé, bien moins épais, son périprocte est ovale, et non pyriforme, sa granulation très différente, ses tubercules plus petits et moins régulièrement disposés.

Localité. Orta-Sabla. Étage néocomien.

Explication des figures.

Pl. IV. *Fig.* 1, 1 *a*, 1 *b*. *Holectypus Trautscholdi*, de grandeur naturelle.

      Fig. 1 *c*. Fragment de test grossi, pris au-dessus de l'ambitus, c'est pour cela que la moitié de l'aire interambulacraire figurée n'a que cinq rangées de tubercules.

      Fig. 1 *d*. Fragment grossi, pris au-dessous de l'ambitus et montrant la granulation très dense qui, dans cette région, entoure les tubercules ; ces derniers ne sont pas très exacts.

COLLYRITES OVULUM (Desor), d'Orbigny.

(*Pl. IV, fig. 4.*)

SYNONYMIE.

Dysaster ovulum, Desor, 1842, Monogr. des Dysaster, p. 22, pl. 3, fig. 5-8.
Collyrites ovulum, D'Orbigny, 1853, Paléont. franç. Terr. crétacés, t. V, p. 54, pl. 801, fig. 7-13.
    Id.   P. de Loriol, 1873, Échinologie helvétique, II. Échin. crétacés, p. 297, pl. 32, fig. 7-10.

Un petit exemplaire, assez fruste, de 21 millim. de long, 18 millim. de large et 13 millim. de haut, recueilli par M. E. Favre, est absolument identique de forme aux échantillons du *Coll. ovulum*, du néocomien de la Suisse, avec lesquels je l'ai comparé.

On ne peut, à la vérité, distinguer les ambulacres et il ne m'a pas été possible de m'assurer de la position exacte du périprocte, cependant la forme générale et l'aspect du sillon antérieur sont si caractéristiques que je n'hésite pas à rapporter cet individu au *Coll. ovulum*.

Localité. Bia-Sala, avec le *Toxaster Ricordeanus*.

Dans le département de l'Yonne, où le *Tox. Ricordeanus* est abondant, le *Coll. ovulum* ne paraît pas encore avoir été signalé; les deux espèces ont été trouvées au même niveau à Sainte-Croix (Vaud).

Explication des figures.

Pl. IV, *fig. 4, 4 a. Collyrites ovulum*, de grandeur naturelle.

Toxaster Ricordeanus, Cotteau.

(Pl. IV, fig. 3.)

SYNONYMIE.

Toxaster Ricordeanus,	Cotteau, 1851, Catal. des Échin. néocomiens de l'Yonne, p. 13 (Bull. Soc. sc. nat. de l'Yonne).
Echinospatagus Ricordeanus,	Cotteau, 1861, Études sur les Échinides fossiles de l'Yonne, II, p. 127, pl. 62, fig. 1-14.
Idem,	P. de Loriol, 1873, Échinologie helvétique, II. Échin. crétacés, p. 347, pl. 28, fig. 5.

Quelques échantillons, que je ne balance pas à rapprocher de cette espèce, ont été rapportés par M. E. Favre; leur longueur varie de 23 millim. à 32 millim.; leur largeur est à peu près égale à leur longueur, la hauteur atteint 0,62 de la longueur. Ils sont malheureusement assez frustes, cependant une comparaison très attentive de ces exemplaires avec de nombreux individus du néocomien de l'Yonne ne m'a pas laissé apercevoir la moindre différence.

Au premier abord on serait tenté de les rapprocher de la figure donnée par Du Bois (Voyage au Caucase, série Géol. Pl. I, fig. 2, 3, 4) de son *Holaster cordatus*. Ce sont en réalité deux espèces différentes, et j'ai pu m'en convaincre par l'examen des échantillons originaux de Du Bois, conservés au musée de Zurich, dont je dois à M. Mœsch la bienveillante communication. Ces exemplaires, suivant l'étiquette de Du Bois, ont été recueillis à « Mangusch, Crimée, » ils proviennent d'une couche gréseuse dont quelques fragments adhèrent encore à l'un d'eux. Leur forme est très large, plus large que longue, l'ensemble est déprimé, la face supérieure convexe, presque également déclive en avant et en arrière, la face inférieure assez concave. Le sillon antérieur est presque nul. Les ambulacres, assez frustes, sont cependant visibles, et ils paraissent beaucoup plutôt appartenir à un *Toxaster* qu'à un *Holaster*, l'appareil apicial est compacte. Ces caractères ne sont pas ceux que présente l'*Holaster cordatus* du valangien du Jura et de l'Isère, ce dernier s'en distingue au premier abord par son sillon antérieur bien plus apparent, son appareil apicial allongé, ce qui empêche les ambulacres de converger au même point (ce caractère a été mal rendu dans mes figures [Echinol. helvétique, II. T. crétacés], il est très apparent dans des exemplaires que j'ai reçus depuis, et bien visible dans les figures de d'Orbigny [Pal. fr.]), sa face inférieure bien plus convexe, et enfin ses ambulacres différents. Il conviendra donc : 1° de reprendre pour l'*Holaster* du valangien le nom de *Holaster grasanus*, donné par d'Orbigny ; 2° de donner à l'espèce de Crimée figurée par Du Bois le nom de *Toxaster cordatus*. Le *Tox. Ricordeanus* diffère de ce dernier par son ensemble moins élargi, moins déprimé, son sillon antérieur bien plus apparent, sa face supérieure moins convexe et plus déclive en avant, sa face inférieure plus convexe et plus renflée sur le plastron, enfin par ses ambulacres antérieurs pairs plus flexueux.

Je crois devoir restituer au genre le nom qui lui avait été donné par Agassiz, ainsi que je l'ai déjà expliqué ailleurs (Échinol. helv. III. Échinides tertiaires, p. 124).

Localité. Bia-Sala. Néocomien.

Explication des figures.

Pl. IV. Fig. 3, 3 a. Toxaster Ricordeanus, exemplaire assez fruste, grandeur naturelle.

HEMIASTER INKERMANENSIS, P. de Loriol, 1877.

(Pl. IV, fig. 5-7.)

DIMENSIONS.

Longueur.	20 à 26 mm.
Largeur par rapport à la longueur.	0,93
Hauteur id. id.	0,76 à 0,78

Forme ovale, un peu plus longue que large, arrondie et nullement échancrée en avant, un peu rétrécie et tronquée en arrière. Face supérieure peu convexe, fortement déclive en avant et très relevée en arrière ; le point culminant se trouve tout près du bord postérieur, l'aire interambulacraire postérieure impaire est légèrement carénée. Face inférieure très convexe, renflée sur le plastron, peu évidée autour du péristome. Pourtour très arrondi.

Sommet ambulacraire très excentrique en arrière ; il est situé à 0,38 de la longueur de l'oursin.

Ambulacre impair long et étroit, composé de très petits pores ronds, disposés par paires très espacées, dans lesquelles ils sont séparés par un granule saillant, et formant deux rangées à peu près parallèles, il est logé dans un sillon assez profond, mais étroit et non évasé, qui s'efface complétement à l'extrémité de l'ambulacre et n'échancre nullement le pourtour. Ambulacres pairs peu creusés, relativement peu divergents, les postérieurs, arrondis, ont une longueur un peu plus forte que la moitié de celle des antérieurs.

Péristome bilabié, étroit, assez éloigné du bord ; il a la forme d'un anneau transverse, et sa lèvre postérieure est un peu relevée.

Périprocte très étroit, ovale, allongé, situé au sommet de la face postérieure ; il n'est pas surmonté par l'avancée de la carène postérieure et on ne distingue aucune area anale appréciable sur la face verticale du bord postérieur.

Fasciole péripétale légèrement sinueux, mais pénétrant fort peu dans les aires inter-ambulacraires ; il est peu apparent dans les exemplaires décrits.

Tubercules petits, assez serrés en dedans du fasciole, mais au contraire très-espacés en dehors et sur toute la surface du test ; ils sont séparés par des espaces bien plus grands que le diamètre de leurs cercles scrobiculaires qui sont couverts de granules miliaires d'une grande finesse.

Rapports et différences. L'espèce que je viens de décrire est très voisine de celle qui a été nommée *Hem. punctatus* par d'Orbigny, et qui est généralement réunie à l'*Hem. nasutulus,* Sorignet. Elle en diffère toutefois : par ses ambulacres pairs notablement moins divergents, l'extrémité des antérieurs se trouvant bien plus rapprochée de l'ambulacre impair ; par ses tubercules beaucoup plus rares, très espacés au lieu d'être serrés et la plupart du temps contigus par leurs cercles scrobiculaires ; enfin par son périprocte toujours étroit et allongé au lieu d'être constamment transverse, ainsi que j'ai pu m'en assurer par l'examen de nombreux exemplaires de Royan, Aubeterre, etc. J'ai quelques doutes sur la convenance de réunir l'*Hem. punctatus* et l'*H. nasutulus,* parce que, dans sa description de cette dernière espèce, M. l'abbé Sorignet dit positivement que, « son sommet génital est à peu près central » ce qui n'est nullement le cas pour l'*Hem. punctatus,* et qu'il dit aussi que « à l'ambitus le sillon antérieur est superficiel et très évasé, » tandis qu'il est absolument nul à l'ambitus dans l'*Hem. punctatus.* Du reste, n'ayant vu aucun exemplaire des localités citées par M. Sorignet, je me contente de signaler ces différences sans vouloir changer moi-même une synonymie généralement acceptée. L'*Hem. inkermanensis* ne peut être confondu avec l'*Hem. bufo* ou l'*Hem. prunella.*

Localité. Inkermann. Craie supérieure. M. Favre a rapporté cinq exemplaires de l'*H. inkermanensis*, dont trois, très bien conservés, témoignent d'une grande constance dans leurs caractères.

Explication des figures.

Pl. IV. Fig. 5. Hemiaster inkermanensis, individu ayant la plus grande taille et aussi relativement le plus déprimé.
Fig. 6. Petit exemplaire, mais encore bien typique.
Fig. 7. Autre exemplaire relativement plus large et très arrondi en avant.
Ces figures sont de grandeur naturelle.

Linthia Favrei, P. de Loriol, 1877.

(Pl. IV, fig. 8.)

DIMENSIONS.

Longueur	32 mm.
Largeur par rapport à la longueur.	0,97
Hauteur maximum par rapport à la longueur.	0,59

Test peu élevé. largement ovale, cordiforme, presque aussi large que long, arrondi et largement échancré en avant, rétréci et tronqué en arrière. Face supérieure déprimée, déclive en avant, relevée dans l'aire interambulacraire postérieure impaire qui forme une carène étroite, élevée, et curviligne ; le point culminant se trouve vers la moitié des ambulacres postérieurs. Face inférieure en général aplatie, sauf sur le plastron qui est assez renflé. Pourtour arrondi.

Sommet ambulacraire subcentral.

Ambulacre antérieur impair court, composé, dans chaque branche, de dix-sept paires de pores très petits, séparés dans chaque paire par un granule ; il est logé dans un sillon très large, et très profond dès le sommet, qui s'évase beaucoup et échancre fortement le bord antérieur. Ambulacres pairs étroits, mais profondément creusés. Les antérieurs, assez divergents, sont relativement courts et composés, dans chaque zone, de vingt-trois paires de pores. Les postérieurs, bien moins écartés, serrés et rapprochés de la carène postérieure, sont aussi beaucoup plus courts, ils ne comptent que seize paires dans chaque zone. Par suite de la profondeur et de l'évasement des dépressions ambulacraires, les aires interambulacraires ont l'apparence d'autant de carènes. A la face inférieure les sillons ambulacraires sont à peine indiqués autour du péristome.

Appareil apicial un peu enfoncé. Trois pores génitaux (j'en ai constaté le nombre sur deux exemplaires), bien ouverts, et très rapprochés, deux à gauche et un à droite. Les cinq pores ocellaires sont fort petits.

Péristome rapproché du bord, très étroit, transverse et bilabié; la lèvre postérieure est très relevée.

Périprocte ovale, allongé, acuminé aux extrémités; il s'ouvre tout à fait au sommet de la face postérieure qui est fort peu élevée.

Fasciole péripétale très sinueux; je ne puis suivre tout son cours, mais il serre de près les ambulacres. Fasciole latéral s'embranchant au péripétale vers l'extrémité des ambulacres pairs antérieurs.

Tubercules très petits et serrés à la face supérieure; quelques-uns, notablement plus volumineux, se voient dans le sillon antérieur.

Rapports et différences. Le *Linthia Favrei,* par son ensemble comprimé, ses pétales profonds, ses aires interambulacraires carénées, a un facies particulier, et je ne connais aucune espèce crétacée ou tertiaire avec laquelle on puisse le confondre. Le (Periaster) *Linthia carinata.* Taramelli, de l'éocène du Frioul, offre une certaine analogie, mais ses pétales postérieurs sont plus divergents. son périprocte n'est pas au sommet de la face postérieure et sa face supérieure est infiniment plus relevée en arrière ce qui rend son profil tout différent. J'ai exposé ailleurs (Échinologie helvétique, III. Échin. tertiaires) les raisons qui ont engagé à réunir le genre *Periaster* au genre *Linthia* plus anciennement créé.

Localités. Un exemplaire très-bien conservé de la craie blanche d'Inkerman, un autre incomplet mais reconnaissable de la craie blanche de Tepekerman.

Explication des figures.

Pl. IV. Fig. 8, 8 a, 8 b, 8 c. Linthia Favrei, de grandeur naturelle. *Fig. 8 d.* Appareil apicial du même exemplaire grossi.

ECHINOLAMPAS SUBCYLINDRICUS, Desor.

(Pl. IV, fig. 9.)

SYNONYMIE.

? *Echinolampas Francii,*   Desor, 1848, in Ag. et Desor, Catalogue raisonné des Échinides, p. 106.
Echinolampas subcylindricus, Desor, 1853, Act. de la Soc. helv. des Sc. nat., 83e session, p. 277.
Echinolampas elongatus,   Laube, 1868, Echinod. d. Vicent. Tert. Geb. (Denkschr. d. Wiener Acad., vol. 29, p. 25, pl. 5, fig. 3).
Echinolampas subcylindricus, P. de Loriol, 1876, Echinol. helv., III. Echin. tertiaires, p. 70, pl. 9, fig. 3-6 (Mém. Soc. paléont. Suisse, t. III).

Trois exemplaires appartenant incontestablement à cette espèce m'ont été soumis par M. E. Favre; j'ai fait figurer l'un deux, parfaitement caractérisé et très bien conservé. Il est identique, jusque dans les derniers détails, aux exemplaires de Suisse et du Vicentin avec lesquels je l'ai comparé. Sa longueur est de soixante-six millim., sa largeur de quarante-cinq millim. (0,68 de la longueur) son épaisseur de trente-trois millim. (0,50 de la longueur).

Dans cet individu, les pétales sont très légèrement costulés, et le point culminant de la face supérieure, qui coïncide avec le sommet ambulacraire, est un peu conique; ces caractères, appréciables seulement sur des exemplaires très-bien conservés, se retrouvent parfaitement sur les exemplaires du Vicentin, mais ils ne m'avaient pas frappé lorsque j'ai décrit l'espèce (loc. cit.).

D'après d'Orbigny les ambulacres de l'*Echin. Francii*, qui est éocène et non crétacé, et que je crois fortement appartenir à la même espèce, seraient aussi légèrement costulés.

Localité. Bakschi-Seraï. Nummulitique.

Explication des figures.

Pl. IV. *Fig. 9. Echinolampas subcylindricus*, de grandeur naturelle.

PENTACRINUS INKERMANENSIS, P. de Loriol, 1877.

(*Pl. IV, fig. 10.*)

DIMENSIONS.

Diamètre de la tige . . . . 5 mm.
Hauteur des articles. . . . . 2 mm.

Tige pentagonale; ses faces ne sont nullement évidées, plutôt même un peu convexes, il en résulte que les angles sont peu prononcés. La surface n'est pas lisse, mais ornée de granules fins, quoique très-apparents, qui forment, sur chacune des faces de chaque article, deux petits carrés assez réguliers, et séparés par un espace lisse qui prend l'aspect d'un étroit sillon, marquant le milieu de chaque face de la tige. Sur chacun des cinq angles du pentagone se joignent les côtés de deux des carrés et l'angle se trouve marqué par une ligne de granules. Les articles, examinés sur deux fragments de tige ayant chacune environ 20 millim. de longueur, paraissent tous égaux, hauts de 2 millim., et séparés par un sillon bien marqué de $^1/_2$ millim. de largeur, au milieu duquel se trouve la suture. Le détail de la surface articulaire n'est pas nettement conservé, on voit seulement cinq petits pétales bien marqués; les stries du bord externe sont fixes et les sutures ne sont nullement denticulées. Au sommet de l'un des fragments se trouvait un verticille de cirrhes, qui n'en comptait que deux, opposés l'un à l'autre, leurs points d'attache sont saillants; on distingue très bien le bourrelet articulaire transverse, perforé au milieu; sur tout ce fragment de tige, long de vingt-trois mm., et comptant douze articles, il ne se trouvait aucun autre verticille.

Rapports et différences. Je ne connais aucune espèce qui puisse être confondue avec celle-ci, dont l'ornementation est très caractéristique. D'Orbigny indique bien (Prodrome) un *Pent. cenomanensis* dont les articles sont « *carénés et granuleux sur les côtés,* » cette diagnose est trop incomplète pour faire reconnaître une espèce et d'ailleurs le *Pent. inkermanensis,* n'est pas « *caréné.* » Dans le *Pent. nodulosus,* Romer, dont la tige a également ses faces non évidées, les articles sont inégaux, simplement noduleux, et les sutures sont onduleuses. Le *Pent. Klœdeni,* Hagenow, a une tige dont le diamètre excède à peine un millim.; ses articles sont aussi ornés de granules (mit Perlenæhnlichen Knœtchen besetzt), mais leur facette articulaire est profondément et grossièrement crénelée sur son bord, ce qui doit nécessairement faire paraître la suture profondément dentelée. Le *Pent. Bronnii* a bien aussi une tige pentagone à faces non évidées, mais sa surface n'est pas ornée et les sutures portent des ponctuations. D'après M. Quenstedt, qui a figuré les tiges du *Pent. Bronni* d'une manière plus complète que Hagenow, il n'aurait, comme l'espèce de Crimée, que deux cirrhes à chaque verticille.

Parmi le petit nombre d'espèces des terrains tertiaires qui ont été décrites, il n'en est aucune qui puisse être confondue avec le *Pent. inkermanensis* et je n'en connais aucune, en particulier, dont les articles soient ornés de granules formant des carrés sur leurs faces, et soient séparés par un sillon apparent; toutefois, le *Pent. subbasaltiformis* Miller, de l'argile de Londres, ainsi que les deux espèces confondues par d'Orbigny sous le nom de *Pent. didactylus,* du nummulitique de Biarritz, ont un caractère commun avec l'espèce de Crimée, savoir la présence de deux cirrhes seulement à chaque verticille, ainsi que cela existe pour le *Pent. Bronni.*

Localité. Rive nord du golfe de Sébastopol, à l'ouest du Phare d'Inkerman. Marnes blanches rapportées au terrain miocène.

Explication des figures.

Pl. IV. *Fig. 10. Pentacrinus inkermanensis,* fragment de tige, de grandeur naturelle.

      Fig. 10 a. Sommet du même fragment grossi; le bourrelet articulaire a été omis par erreur.

      Fig. 10. b. Surface articulaire du même, grossie; on voit les surfaces articulaires des deux cirrhes du verticille.

TABLE DES MATIÈRES

Pages

Introduction 3

Terrain jurassique 7

Caractères généraux. Schistes argileux et marneux. — Grès et conglomérats. — Calcaires 7

Description. Côte méridionale. D'Alouchta à Yalta. — Yalta. La Yaïla. — De Yalta à Baïdar. — Baïdar et Balaclava. — Versant nord de la Yaïla. — Tchatir-Dagh. — Yaïla orientale 13

Terrains crétacés, tertiaires et quaternaires 27

Caractères généraux. — Terrain néocomien. — T. crétacé moyen. — Terrain crétacé supérieur. — T. nummulitique. — Marne blanche. — T. sarmatique. — T. quaternaire et récent 27

Description. — Baie de Sébastopol. — Chersonèse. — De Sébastopol à Simphéropol. — Vallée de la Tchernaïa. — Vallée du Belbek. — Vallée de la Katcha. — Vallée de l'Alma. — Vallée du Salghir 42

Conclusion 54

Description des Echinodermes, par M. de Loriol 61

EXPLICATION DES PLANCHES I, II & III

Planches I et II.

Les lettres qui indiquent les noms des terrains sont les mêmes que sur la carte: *P* Porphyre. *M.* Mélaphyre. *D.* diabase. *Ji* terrain jurassique inférieur, schiste argileux, *Jm* jurassique moyen, grès et conglomérat. *Js* jurassique supérieur, calcaire. *Ci* crétacé inférieur, néocomien. *Cm* crétacé moyen. *Cs* crétacé supérieur, craie blanche. *Nu* nummulitique. *M* marne blanche. *H* couche d'eau douce à Helix. *S* terrain sarmatique.

Les autres lettres sont expliquées pour chaque figure. Les coupes sont faites dans des proportions variables. J'ai cherché à maintenir toujours une proportion normale entre l'échelle des longueurs et celle des hauteurs. Toutefois elle n'est que très approximative.

Planche I.

Fig. 1. Environs de Tchorguna.

Fig. 2. Coupe transversale de la vallée de la Tchernaïa, à Inkerman. — *T* Tchernaïa. *R.* ruines. *A.* Aqueduc. *Car.* Carrières. *a.* Alluvion. *Nu. i.* Terrain nummulitique inférieur.

Fig. 3. Coupe de la rive gauche du golfe de Sébastopol un peu à l'est de la baie du Carénage. *Cr.* Cryptes.

Fig. 4. Vue des falaises d'Inkerman, rive droite de la Tchernaïa. *Cu.* carrière. *Cr.* cryptes. *E.* église. *R.* ruines. *Se.* sentier. *Cs. a.* craie blanche, assise supérieure. *Cs. b.* craie blanche, assise inférieure.

Fig. 5. Coupe de la rive gauche de la baie de Sébastopol le long de la route de poste.

Fig. 6. Coupe de la vallée de la Tchernaïa, prise un peu à l'est de celle de la fig. 2. *Car.* carrières. *T.* Tchernaïa. *a.* alluvion. *eb.* eboulis. *Nu. i.* terrain nummulitique inférieur.

F g. 7. Coupe théorique du plateau de la Chersonnèse du bord de la mer (à l'E. du monastère St-Georges) à Inkerman.

Fig. 8. Coupe de la rive droite du golfe de Sébastopol, prise au phare d'Inkerman.

Fig. 9. Coupe des environs de Karagatch, vallée de l'Alma. *mel.* mélaphyre.

Fig. 10. Coupe des environs d'Orta-Sabla. *mel.* mélaphyre.

Fig. 11. Coupe des environs de Mangouch. *Po.* porphyre.

Fig. 12. Coupe prise le long du bord de la mer, à l'est et à l'ouest de la baie de Balaclava. *Ch.* lignite.

Fig. 13. Coupe prise de Tirénaïr à Abdal, près de Simphéropol. *Co.* conglomérat, colorié sur la carte comme terrain jurassique moyen, mais appartenant au terrain jurassique inférieur.

Fig. 14. Coupe de la montagne dominant Kaïtou, vallée de Baïdar.

Planche II.

Fig. 1. Coupe des environs de Laspi à ceux de Divankoï dans la vallée du Belbek, passant par la vallée de Baïdar. Echelle des longueurs 1 : 125000. '

Fig. 2. Coupe de Limène à la steppe, passant par la vallée du Belbek. Même échelle.

Fig. 3. Coupe de Yalta à la steppe, passant par la vallée de la Katcha. Même échelle.

Fig. 4. Coupe du mont Castel à la steppe passant par la vallée du Salghir et Simphéropol. Même échelle.

Fig. 5. Coupe de la partie moyenne de la vallée de la Katcha, entre Bia-Sala et Arankoï. Échelle des longueurs 1 : 80000.

Fig. 6. Coupe des environs de Bakchi-Séraï, *a*, *b*, *c*, subdivisions de la craie *Cs*. 1, 2, 3, 4, subdivisions du terrain nummulitique *Nu*.

Fig. 7. Coupe de la rive droite du golfe de Sébastopol, du bord de la mer au phare d'Inkerman. 1-9, étage sarmatique, 10, couche à Helix. 11, Marne blanche. 12, 13, T. Nummulitique.

Planche III.

Carte de la partie sud-ouest de la Crimée, à l'échelle de 1 : 250000. Cette carte a été exécutée dans l'établissement géographique de MM. Wurster, Randegger et C°, à Winterthur, d'après une carte anglaise. Les courbes de niveau sont imaginaires et destinées seulement à donner une idée approximative du relief du terrain.

Je dois les indications hypsométriques et le tracé du chemin de fer à l'obligeance de M. le colonel Stubendorff au dépôt de la guerre à St-Pétersbourg; je lui en exprime ma vive reconnaissance. Ces indications me sont parvenues trop tard pour pouvoir être utilisées dans le commencement du texte et dans les planches I et II qui étaient déjà imprimées. Les hauteurs indiquées sont des mesures trigonométriques, levées par l'Etat-Major, sauf celles qui sont indiquées le long du chemin de fer et qui ont été prises pour la construction de la ligne.

D'après ces données, le Tchatir-Dagh (1519ᵐ) n'est pas la sommité la plus élevée de la Crimée; il est dépassé par la Yaïla occidentale au nord de Yalta (Utch-Koch 1524ᵐ) et peut-être par la Babougan-Yaïla; Engelhardt et Parrot indiquaient pour cette montagne une hauteur de 1534ᵐ, tandis qu'ils donnaient aux deux sommets du Tchatir-Dagh 1540ᵐ et 1471ᵐ.

ERRATA

Page 12, ligne 1, *au lieu de :* 1575, *lisez :* 1519 (d'après l'indication donnée par M. le colonel Stubendorff).

Les figures de cette planche et celles de la planche suivante sont à des échelles très différentes les unes des autres.

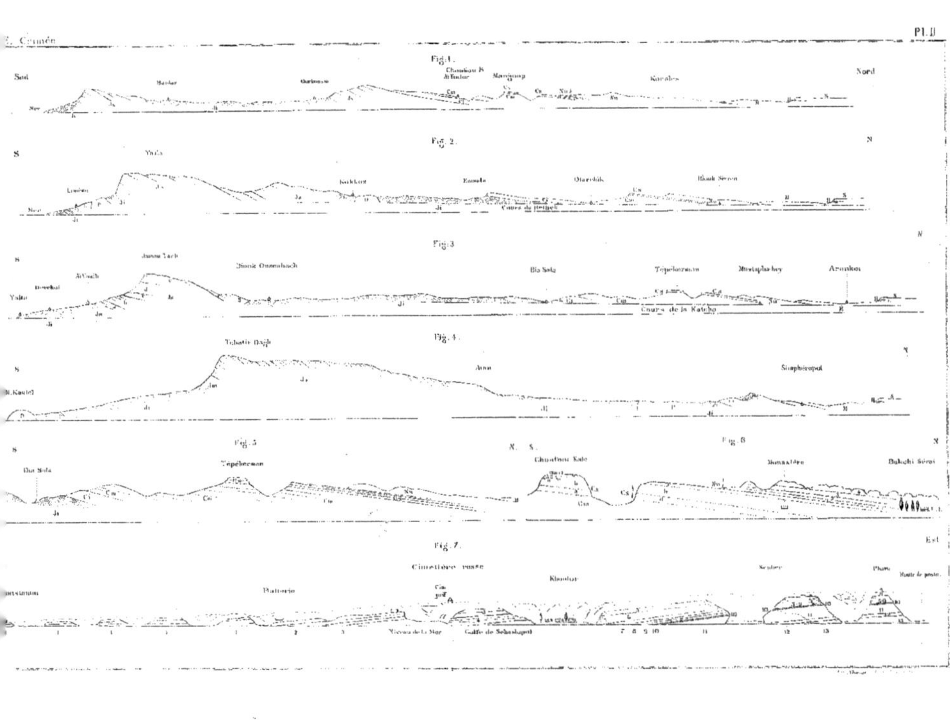
Fig. 1.
Sud
Nord
Bacher
Chariasso
Chamkau & Ai Indor
Mangoup
Karabes
Chouiou S
Yu Ca
Sebkkou
Eacode
Olorchik
Blank Serau
Yalta
Juana Tach
Diotig Oussoubach
Bia Sala
Tepelerman
Mustaplachoy
Araukou
Cours de la Katcha
Tchatir Dajb
Anua
Simphéropol
M. Kaulel
Fig. 5
N. S.
Fig. 6
N
Das Sala
Tépéberman
Ghasfinia Kaic
Cimetière
Bakchi Sérai
Est
Fig. 7.
Cimetière russe
Batterie
Khoulor
Senicre
Phare
Route de poste.
Niveau de la Mer
Golfe de Sébastopol

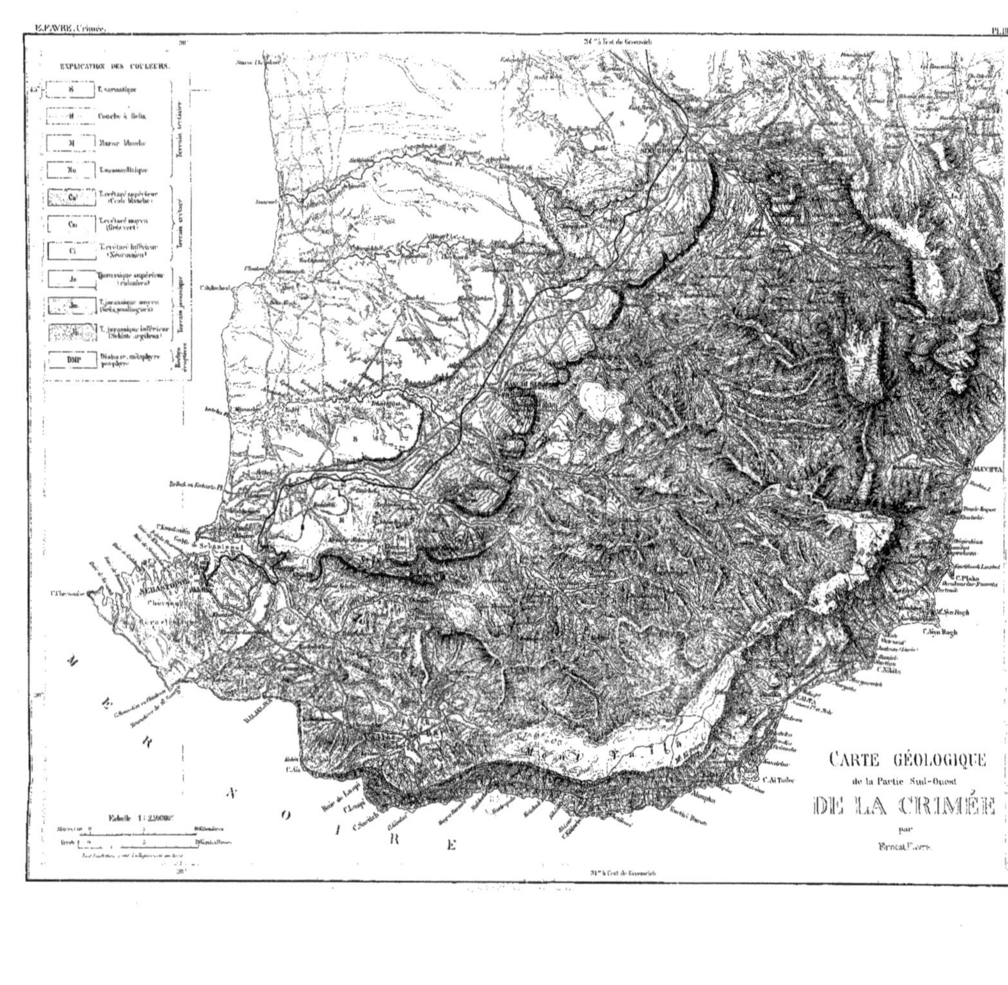
E. FAVRE. Crimée.
Pl. III.
EXPLICATION DES COULEURS.
S — T. sarmatique
H — Couche à Helix
M — Marne blanche
Nu — Nummulitique
Cs — Terrain supérieur (Craie blanche)
Cm — Terrain moyen (Grès vert)
Ci — Terrain inférieur (Néocomien)
Js — Jurassique supérieur (calcaire)
Jm — Jurassique moyen (Oolythe, oolithique)
Ji — T. jurassique inférieur (Schiste argileux)
DMP — Diabase, mélaphyre, porphyre
Terrain tertiaire
Terrain crétacé
Terrain jurassique
Roches éruptives
SÉBASTOPOL
BALAKLAVA
Echelle 1:250000
CARTE GÉOLOGIQUE
de la Partie Sud-Ouest
DE LA CRIMÉE
par
Ernest Favre

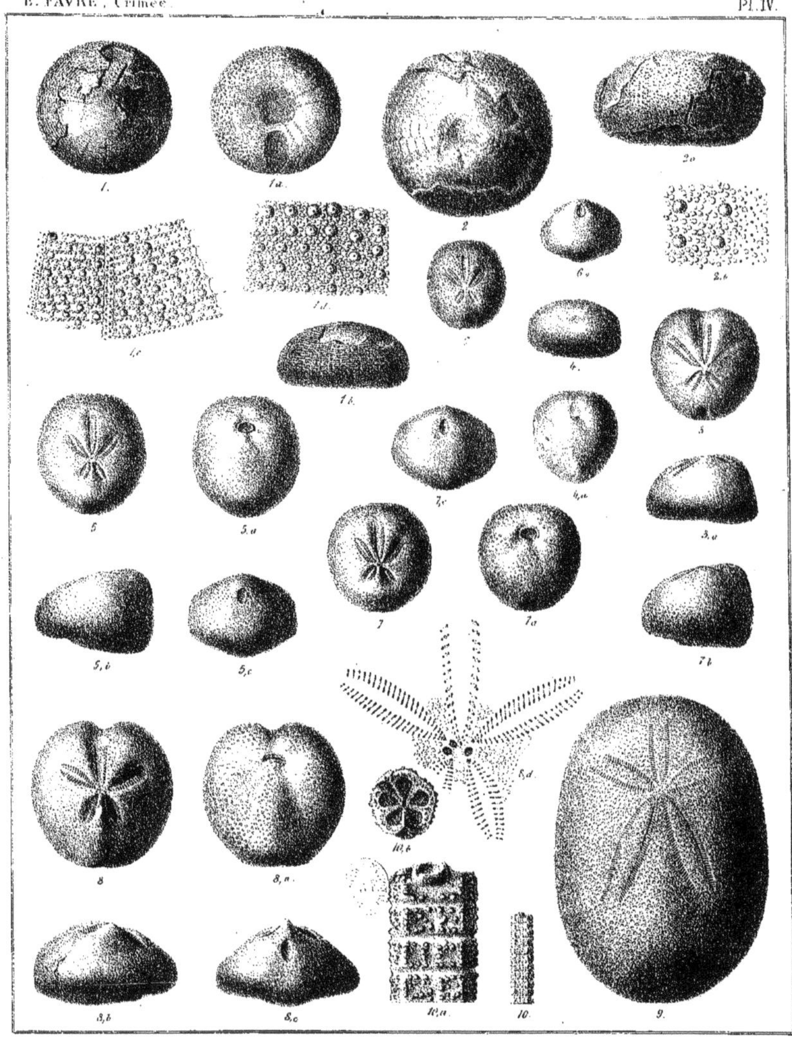

Fig. 1. *Holectypus Sinzovi*, P. de Loriol
Fig. 2. *Psammechinus Trautscholdii*, P. de Loriol.
Fig. 3. *Toxaster ricordeanus*, Cotteau
Fig. 4. *Collyrites ovulum*, d'Orbigny

Fig. 5-7. *Hemiaster inkermanensis*, P. de Loriol.
Fig. 8. *Linthia Favrei*, P. de Loriol.
Fig. 9. *Echinolampas subcylindricus*, Desor
Fig. 10. *Pentacrinus inkermanensis*, P. de Loriol.

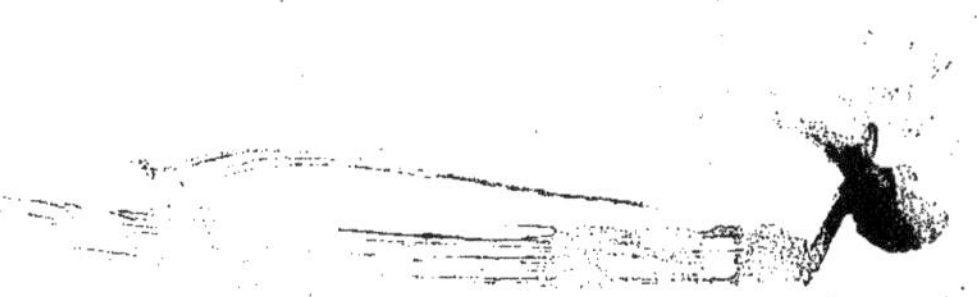

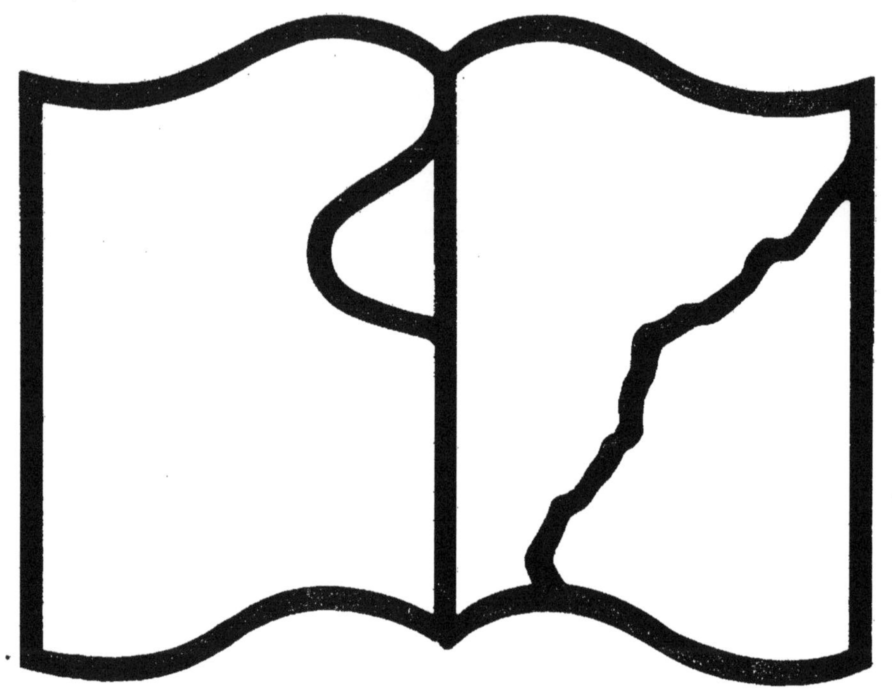

Texte détérioré — reliure défectueuse

NF Z 43-120-11

9 782013 579292